Zeig mir Health Data Science!

Carolin Herrmann · Ursula Berger · Christel Weiß ·
Iris Burkholder · Geraldine Rauch ·
Jochen Kruppa (Hrsg.)

Zeig mir Health Data Science!

Ideen und Material für guten
Biometrie-Unterricht mit datenwissen-
schaftlichem Fokus

Hrsg.
Carolin Herrmann
Institut für Biometrie und Klinische
Epidemiologie, Charité – Universitätsmedizin
Berlin
Berlin, Deutschland

Christel Weiß
Abteilung für Medizinische Statistik und
Biomathematik, Medizinische Fakultät
Mannheim der Universität Heidelberg
Mannheim, Deutschland

Geraldine Rauch
Institut für Biometrie und Klinische
Epidemiologie, Charité – Universitätsmedizin
Berlin
Berlin, Deutschland

Ursula Berger
Institut für Medizinische
Informationsverarbeitung, Biometrie und
Epidemiologie (IBE), Ludwig-Maximilians-
Universität München
München, Deutschland

Iris Burkholder
Department Gesundheit und Pflege,
Hochschule für Technik und Wirtschaft
Saarbrücken, Deutschland

Jochen Kruppa
Institut für Biometrie und Klinische
Epidemiologie, Charité – Universitätsmedizin
Berlin
Berlin, Deutschland

ISBN 978-3-662-62192-9   ISBN 978-3-662-62193-6 (eBook)
https://doi.org/10.1007/978-3-662-62193-6

Die Deutsche Nationalbibliothek verzeichnet diese Publikation in der Deutschen Nationalbibliografie; detaillierte bibliografische Daten sind im Internet über http://dnb.d-nb.de abrufbar.

© Der/die Herausgeber bzw. der/die Autor(en), exklusiv lizenziert durch Springer-Verlag GmbH, DE, ein Teil von Springer Nature 2021
Das Werk einschließlich aller seiner Teile ist urheberrechtlich geschützt. Jede Verwertung, die nicht ausdrücklich vom Urheberrechtsgesetz zugelassen ist, bedarf der vorherigen Zustimmung der Verlage. Das gilt insbesondere für Vervielfältigungen, Bearbeitungen, Übersetzungen, Mikroverfilmungen und die Einspeicherung und Verarbeitung in elektronischen Systemen.
Die Wiedergabe von allgemein beschreibenden Bezeichnungen, Marken, Unternehmensnamen etc. in diesem Werk bedeutet nicht, dass diese frei durch jedermann benutzt werden dürfen. Die Berechtigung zur Benutzung unterliegt, auch ohne gesonderten Hinweis hierzu, den Regeln des Markenrechts. Die Rechte des jeweiligen Zeicheninhabers sind zu beachten.
Der Verlag, die Autoren und die Herausgeber gehen davon aus, dass die Angaben und Informationen in diesem Werk zum Zeitpunkt der Veröffentlichung vollständig und korrekt sind. Weder der Verlag, noch die Autoren oder die Herausgeber übernehmen, ausdrücklich oder implizit, Gewähr für den Inhalt des Werkes, etwaige Fehler oder Äußerungen. Der Verlag bleibt im Hinblick auf geografische Zuordnungen und Gebietsbezeichnungen in veröffentlichten Karten und Institutionsadressen neutral.

Planung/Lektorat: Iris Ruhmann
Springer Spektrum ist ein Imprint der eingetragenen Gesellschaft Springer-Verlag GmbH, DE und ist ein Teil von Springer Nature.
Die Anschrift der Gesellschaft ist: Heidelberger Platz 3, 14197 Berlin, Germany

Vorwort

Liebe Leserinnen und liebe Leser,

nach bereits zwei erfolgreichen Büchern mit Lehrmaterial für die Biostatistik haben Sie nun den dritten Band vor sich. Dieses Mal ist es eine erweiterte Beitragssammlung geworden. Es sind nicht nur Beiträge aus der Biostatistik enthalten, sondern aus diversen Fachbereichen, die sich mit Data Science in der Medizin beschäftigen.

Da sich (Health) Data Science über die letzten Jahre rasant zu einem Buzzword in der medizinischen Wissenschaft entwickelt hat, hat die Arbeitsgruppe Lehre und Didaktik der Biometrie als gemeinsame Arbeitsgruppe (AG) der Internationalen Biometrischen Gesellschaft, Deutsche Region und der GMDS den Lehrpreis 2020 nun in Health Data Science ausgeschrieben.

Die AG Lehre und Didaktik macht es sich zur Aufgabe, qualitativ hochwertige und abwechslungsreiche Biostatistik-Lehre an Universitäten und Fachhochschulen zu fördern und weiterzuentwickeln. Neben einem regen Austausch und der Vernetzung diverser Hochschullehrenden sowie der Weiterentwicklung von Lehrkonzepten, engagiert sich die Arbeitsgruppe auch in der Nachwuchsförderung an Schulen.

Für den Lehrpreis 2020 in Health Data Science konnten jegliche Beiträge eingereicht werden, die die Lehre in diesem Themengebiet bereichern. Dies umfasst beispielsweise Ideen für Gruppenarbeiten, Vorschläge für Übungs- und Prüfungsaufgaben und Software-Anwendungen. Außerdem sollte das Lehrmaterial gebrauchsfertig und mit Veröffentlichung frei zugänglich vorliegen. Mit der Preisausschreibung waren dieses Mal neben der Biostatistik auch ausdrücklich weitere Fachbereiche wie die Epidemiologie, Medizinische Informatik, Public Health etc. angesprochen.

Da für den Begriff Health Data Science noch keine eindeutige Definition vorliegt, haben wir führende FachvertreterInnen angesprochen, ihre Auffassung zu Health Data Science mit uns in kurzen Beiträgen zu teilen und Ihnen als erweitertes Vorwort angehängt.

Diese Beiträge sowie die Lehrmaterial-Beiträge der HerausgeberInnen dieses Buches waren außer Konkurrenz für die Vergabe des diesjährigen Lehrpreises. Es sind zahlreiche Beiträge mit verschiedensten Ideen und Methoden für die Lehre eingegangen: Von

Lehrmöglichkeiten zu personalisierter Medizin, über Humor in der Lehre bis hin zum effektiven R Training.

Die Jury, bestehend aus Prof. Dr. Geraldine Rauch, Prof. Dr. Christel Weiß, Prof. Dr. Iris Burkholder, Dr. Jochen Kruppa, Dr. Ursula Berger und Carolin Herrmann, hat den Lehrpreis Health Data Science 2020 an Antonia Zapf und Sinan Cevirme für ihren überzeugenden Beitrag zu Audio Response Systemen vergeben. Auf Platz zwei kam der Beitrag von Annette Aigner und auf Platz 3 der Beitrag von Stefan Englert, Greg Cicconetti und William Henner.

Zusätzliches Lehrmaterial zu den Beiträgen dieses Buches finden Sie unter https://link.springer.com/book/10.1007/978-3-662-62193-6. An dieser Stelle wollen wir uns herzlich bei Dr. Uwe Schöneberg und Christine Krüger bedanken, die bei der Formatierung und Vorab-Lektorat der Beiträge eine sehr große Hilfe waren. Außerdem gilt unser Dank der GMDS, welche den Pokal und die Preise finanziell ermöglicht haben.

Wir wünschen Ihnen nun viel Freude beim Lesen und der Planung Ihrer nächsten Lehreinheiten.

Berlin
31. Juli 2020

Carolin Herrmann
Ursula Berger
Christel Weiß
Iris Burkholder
Geraldine Rauch
Jochen Kruppa

Was ist Data Science?

Im Folgenden präsentieren führende Fachvertreter Ihre Sichtweisen auf Data Science.

Interoperable Daten als Grundlage für Data Science in der Medizin

Prof. Dr. Sylvia Thun forscht zu Themen rund um Medizininformatik, Digital Health und Interoperabilität. Sie ist Charité Visiting Professor und leitet die Core Unit „eHealth und Interoperabilität" am Berlin Institute of Health (BIH).
Dr. Moritz Lehne ist Data Scientist an der Core Unit „eHealth und Interoperabilität" des BIH und hat langjährige Erfahrung mit der Analyse von Gesundheitsdaten.

Data Science ist „in". Begriffe wie „Big Data", „Maschinelles Lernen" oder „Neuronale Netze", mit denen noch vor wenigen Jahren nur ein kleiner Kreis von Fachleuten etwas anfangen konnte, sind mittlerweile allgegenwärtig. Und mehr noch: Unternehmen und Organisationen, die sich heute *nicht* mit Data Science beschäftigen, werden von datengetriebenen Organisationen – Amazon, Apple, Google, Netflix usw. – zunehmend abgehängt. Wer Data Science kann, ist klar im Vorteil.

Auch in der Medizin spielt Data Science eine immer größere Rolle: Chatbots helfen bei der Diagnosestellung, epidemiologische Daten werden tagesaktuell in komplexen Visualisierungen bereitgestellt (z. B. während der Covid-19-Pandemie) und künstliche neuronale Netze erkennen Hautkrebs auf dermatologischen Bildern – teilweise zuverlässiger als Ärztinnen und Ärzte. Data-Science-Methoden haben großes Potenzial, die Medizin zu revolutionieren und die Gesundheitsversorgung zu verbessern (Topol 2019).

Doch was ist mit Data Science eigentlich genau gemeint? Wie aus den anderen Beiträgen dieses Vorworts ersichtlich, gibt es dazu die unterschiedlichsten Perspektiven. Mit den meisten Experten könnte man sich aber wahrscheinlich auf etwa folgende Definition einigen: „Data Science bedient sich Methoden der Statistik und Informatik, um Erkenntnisse und Wissen aus Daten zu generieren." Auch wenn man behaupten kann, dass mit dem Begriff „Data Science" damit nur alter Wein in neuen Schläuchen verkauft wird – schließlich existieren Fachgebiete wie die moderne Statistik, Informatik und selbst vermeintlich neue Methoden wie die Künstliche Intelligenz schon seit mindestens Jahrzehnten – so hat Data Science in den letzten Jahren zweifelsohne an Bedeutung gewonnen. Dies hat vor allem zwei Gründe: 1. die steigende Rechenleistung und Speicherkapazität moderner Computer; 2. die zunehmende Verfügbarkeit großer Mengen digitaler Daten, kurz „Big Data". Die schnelleren Computer ermöglichen es, immer komplexere statistische Modelle zu berechnen; die digitalen Daten liefern den Input für diese Berechnungen.

Gerade der letzte Punkt, die Verfügbarkeit digitaler Daten, ist entscheidend. Eigentlich ist es selbstverständlich: Für Data Science braucht man gute (und viele) Daten. Dieser Aspekt wird allerdings häufig vernachlässigt und kann gerade in der Medizin einen Engpass darstellen (Lehne et al. 2019). Während in anderen Bereichen oft Terabyte digitaler Daten für Analysen zur Verfügung stehen, ist die Digitalisierung in der Medizin an vielen Stellen noch ausbaufähig (wahrscheinlich wären Faxgeräte heute in Deutschland ungefähr so verbreitet wie Musikkassetten, Diskettenlaufwerke oder Röhrenbildschirme, wenn sie im Gesundheitswesen nicht immer noch ein Standard-Kommunikationsmittel wären). In der Core Unit „eHealth und Interoperabilität" des Berlin Institute of Health (BIH) beschäftigen wir uns daher damit, medizinische Daten in eine Form zu bringen, die Data Science mit modernen digitalen Technologien ermöglicht. Konkret befassen wir uns mit Dateninteroperabilität, d. h. der Fähigkeit, Daten über verschiedene Systeme auszutauschen und sinnvoll weiterzuverarbeiten. Erst durch interoperable Daten können die Möglichkeiten von Data Science voll ausgeschöpft werden.

Wieso ist Interoperabilität wichtig für Data Science? Ohne strukturierte Formate und eine einheitliche Sprache sind Daten schwer zu verarbeiten. Dies gilt insbesondere für die automatische Verarbeitung mit modernen Algorithmen, z. B. im Bereich der Künstlichen Intelligenz. So ist es für einen Algorithmus schwer zu erkennen, dass mit den Bezeichnungen „Herzinfarkt", „akuter Myokardinfarkt" oder einfach „aMI" dasselbe medizinische Konzept gemeint ist. Die größtenteils unstrukturierten medizinischen Daten, die überdies über unzählige, meist proprietäre IT-Systeme verteilt sind, stellen daher keine gute Ausgangslage für Data Science in der Medizin dar. Denn je unstrukturierter die Daten, desto fehleranfälliger die Datenanalysen. Zwar gibt es auch Verfahren zur Verarbeitung unstrukturierter Daten (beispielsweise mit Methoden des Natural Language Processing auf unstrukturierten Textdaten) – aber kann man wirklich sicher sein, dass eine Patientin, in deren medizinischen Dokumenten das Wort „Diabetes" auftaucht, auch wirklich unter Diabetes leidet (vielleicht ist in dem Dokument nur vermerkt, dass es in der Verwandtschaft der Patientin Diabetesfälle gab)? Eine möglichst strukturierte Beschreibung medizinischer Daten ist daher unabdingbar. Interoperabilität stellt sicher, dass Daten syntaktisch und semantisch eindeutig definiert sind, d. h. dass sie ein einheitliches Format und eindeutige Bezeichnungen haben.

Um Daten interoperabel zu machen und sie damit system-, institutions- und länderübergreifend verarbeiten zu können, ist internationale Zusammenarbeit erforderlich. In der Medizin ist hier die Arbeit internationaler Standardisierungsorganisationen wie Health Level 7 (HL7) oder Integrating the Healthcare Enterprise (IHE) besonders wichtig. Diese Organisationen entwickeln in transparenten Prozessen einheitliche Datenformate und -strukturen zum Austausch medizinischer Informationen, wie z. B. der zunehmend an Bedeutung gewinnende Standard „Fast Healthcare Interoperability Resources" (FHIR) von HL7. Zur einheitlichen Benennung medizinischer Konzepte sind darüber hinaus internationale Terminologien und Nomenklaturen erforderlich – also einheitliche Vokabularien, die sicherstellen, dass unterschiedliche Systeme dieselbe Sprache sprechen. Die umfassendste dieser Nomenklaturen in der Medizin ist SNOMED CT mit aktuell über 350.000 Konzepten aus den unterschiedlichsten Bereichen der Medizin und Gesundheitsversorgung. Für das oben genannte Beispiel des Herzinfarkts gibt es hier das Konzept „Myocardial Infarction" mit einer eindeutigen Nummer, so dass dieser medizinische Sachverhalt eindeutig benannt werden kann – unabhängig von der verwendeten Sprache („Herzinfarkt", „infarto de miocardio" usw.) oder eventueller Synonyme („Heart Attack", „Cardiac Infarction"). Die Konzepte der Nomenklatur stehen außerdem in komplexen Beziehungen und Hierarchien zueinander, die ebenfalls genau definiert sind (beispielsweise ist der Herzinfarkt hierarchisch unter dem Konzept der Herzerkrankungen angeordnet).

Um die digitale Daten optimal für Data Science zu nutzen, ist es außerdem wichtig, dass Daten geteilt und wiederverwendet werden können (beispielsweise Daten aus wissenschaftlichen Studien). Hier sind die sogenannten FAIR-Prinzipien hilfreich. FAIR steht für „findable", „accessible", „interoperable" und „reusable", d. h. Daten müssen auffindbar, zugänglich, interoperabel und wiederverwendbar sein (Wilkinson et al. 2016). Dies erfordert Meta-Daten, d. h. zusätzliche, beschreibende Daten, die Auskunft über einen Datensatz geben. Erst dadurch können existierende Datenbestände von Data Scientists gefunden, hinsichtlich Inhalt und Qualität beurteilt und für Analysen verwendet werden.

Aus unserer Sicht beinhaltet Data Science daher nicht nur die Anwendung von Methoden zur Datenanalyse, sondern auch die Schaffung digitaler Infrastrukturen, die die Anwendung dieser Methoden überhaupt erst ermöglichen. Denn selbst die besten Algorithmen sind nutzlos, wenn sie keinen Zugriff auf digitale Daten haben oder diese nicht sinnvoll interpretieren können. Unsere Erfahrungen aus der Medizin zeigen, dass erst durch interoperable Daten das Potenzial von Data Science optimal genutzt werden kann. Eine Verbesserung der Dateninteroperabilität – mit einheitlichen Formaten und Vokabularien und unter Einhaltung der FAIR-Prinzipien – ist daher ein wichtiger Aspekt von Data Science.

Literatur

Lehne M, Sass J, Essenwanger A, Schepers J, Thun S (2019) Why digital medicine depends on interoperability. NPJ Digital Med 2(79). https://doi.org/10.1038/s41746-019-0158-1

Topol E (2019) Deep medicine: How artificial intelligence can make healthcare human again. Basic Books, New York

Wilkinson M, Dumontier M, Aalbersberg I et al (2016) The FAIR guiding principles for scientific data management and stewardship. Sci Data 3. https://doi.org/10.1038/sdata.2016.18

Methoden der Data Science in der Bioinformatik

Prof. Dr. Klaus Jung hat Statistik an der Universität Dortmund studiert und bereits mit seiner Diplomarbeit über die Analyse von Gen- und Proteinexpressionsdaten den Schwenk zur Bioinformatik gewagt. Nach der Promotion in Dortmund und verschiedenen Postdoc-Stationen, u. a. am Institut für Medizinische Statistik in Göttingen, wurde er 2015 zum Professur für Genomics and Bioinformatics of Infectious Diseases an die Tierärztliche Hochschule Hannover berufen. Dort erforscht er Algorithmen für die Analyse molekularbiologischer Hochdurchsatzdaten, u. a. unter Verwendung von Verfahren des Maschinellen Lernens, der Meta-Analyse und Evidenzsynthese sowie der Metagenomik.

Gerade solche Fächer die sich mit Erhebung, Verarbeitung, Management und Auswertung von Daten befassen (z. B. Statistik, Biometrie, Informatik, Epidemiologie, Ökonometrie, Medizinische Informatik, Bioinformatik) sorgen bei Außenstehenden gerne für Unklarheit was ihre jeweilige Ausrichtung betrifft. Aber auch direkte Vertreter dieser Fächer können sich in längeren Diskussion darüber ergehen, wo das eine Fach aufhört und wo das andere Fach anfängt, inklusive Debatten darüber welches Fach als Urheber für bedeutende Methoden zu sehen ist.

Der Begriff „Data Science" (feminin) ist in einer Reihe mit den oben genannten Fächern, je nach Quelle, nicht zwingenderweise der jüngste, erfährt jedoch seit einigen Jahren eine gewisse Beliebtheit, z. B. bei der Bezeichnung von Studiengängen oder bei Ausschreibungen von Arbeitsstellen. Jüngst äußerte ein Biologe mir gegenüber er sei ja auch Datenwissenschaftler, worin er nicht ganz unrecht hat, da die meisten Naturwissenschaftler Daten erfassen und auswerten.

Im Folgenden möchte ich zum einen versuchen, eine Abgrenzung zwischen der Data Science und anderen Fächern vorzunehmen, wenn auch die Übergänge fließend sind. Zum anderen werde ich einige Methoden der Data Science welche in der Bioinformatik verwendet werden vorstellen.

Die meisten Beschreibungen die über die Data Science vorliegen betrachten es als deren Aufgabe, Informationen aus bestehenden Datenbanken zu extrahieren (z. B. umfangreiche Bestände an Kundendaten in großen Unternehmen). Dies steht in klarer Abgrenzung zur Statistik und Biometrie, die sich explizit auch mit der Planung und Erhebung von Daten befassen. Es wäre jedoch falsch daraus abzuleiten, dass die Data Science nur ein Teilgebiet der Statistik ist, denn während sich die klassische Statistik in der Regel mit Daten in Tabellen- bzw. Matrix-Format befasst, schließt die Data Science auch andere Daten- und Dateitypen wie z. B. Bild- Ton- oder Textdateien mit ein. Während Statistik und Data Science also zur Erhebung und/oder Auswertung von Daten beitragen, liefert die Informatik Methoden zu Struktur und Management von Datenbanken. Allerdings wird das Datenmanagement selbst häufig auch als Aufgabe eines Data Scientists betrachtet.

Sowohl aus der Informatik als auch aus der Statistik stammen Methoden, die die Data Science zur explorativen Extraktion von Erkenntnissen und Mustern aus Datenbeständen verwendet. In der Statistik etwa wurden verschiedene, dimensionsreduzierende Verfahren wie z. B. die Hauptkomponentenanalyse entwickelt, welche es erlauben, höherdimensionale Daten in zwei- oder dreidimensionalen Abbildungen darzustellen, und damit Gruppenstrukturen und Ausreißer zu erkennen (Kruppa und Jung 2017). Weitere Verfahren wie z. B. die Clusteranalyse und solche zur Mustererkennung mittels unüberwachtem Lernen wurden von der Informatik selbst entwickelt oder weiterentwickelt.

Schließlich werden sowohl im Data Science als auch in den anderen datenbezogenen Fächern Methoden des überwachten Lernens verwendet (Diskriminanzanalyse, Support-Vector Machines, Künstliche Neuronale Netze, etc.), um auf Trainingsdaten Klassifikationsmodelle anzupassen, welche dann für die Zuordnung neuer Beobachtungseinheiten oder für Vorhersagen verwendet werden können.

Insbesondere im Bereich der Molekularbiologie sind in den letzten drei Jahrzenten große, häufig über das Internet frei zugängliche Datenbanken entstanden. Bioinformatiker, die diese Datenbanken pflegen und daraus neue Kenntnisse gewinnen, würden sich wohl in den wenigsten Fällen als Data Scientist bezeichnen. Ein Großteil der von Bioinformatikern verwendeten Methoden überlappt aber mit den Methoden der Data Science.

In Ihren Anfängen, so etwa in den 1970er und 1980erJahren, hat die Bioinformatik schwerpunktmäßig Sequenzdaten (z. B. DNA- und Aminosäuresequenzen) betrachtet. Zur Analyse dieser Daten wurden und werden immer noch Clusterverfahren verwendet, um Ähnlichkeiten zwischen verschiedenen Spezies oder Genen zu analysieren. Des weiteren kommen Klassifikationsverfahren zum Einsatz, um z. B. aus DNA-Sequenzen Proteinstrukturen hervorzusagen. In diese zeitliche Epoche fallen auch die ersten, kleineren Datenbanken mit Sequenzinformationen für Mikroorganismen.

In den 1980er Jahren wurde außerdem die 2-dimensionale Gelelektrophorese entwickelt, mit deren Hilfe die Expression vieler Proteine gleichzeitig gemessen werden kann. Als Ergebnis liegen hochdimensionale Datenmatrizen vor, welche mit den oben genannten dimensionsreduzierenden Verfahren analysiert werden können. Ähnliche

Datenmatrizen werden mit DNA Microarrays, verfügbar seit 1995, generiert. Mit diesen Arrays können, ebenfalls hochdimensionale Genexpressionsprofile gemessen werden. Für derartige Gen- und Proteinexpressiondaten wurden bald überwachte Lernverfahren verwendet und weiterentwickelt, um z. B. Diagnosen und Prognosen von Patienten zu verbessern. Da die meisten wissenschaftlichen Journale von Ihren Autoren fordern, dass sie ihre Expressionsprofile in öffentlichen Datenbanken hochladen, stieg in den letzten beiden Jahrzehnten die Anzahl an Datensätzen in molekularbiologischen Datenbanken sehr stark an, und die Daten können von der Wissenschaftsgemeinschaft frei verwendet werden, etwa um Mustererkennung über mehrere, unabhängige Datensätze hinweg durchzuführen. Dabei spielen Data Science Methoden zum Fusionieren von Datensätzen eine wichtige Rolle.

Anfang des neuen Jahrtausends wurden Verfahren zur Hochdurchsatz-Sequenzierung von DNA- und RNA-Proben soweit entwickelt, dass die Sequenzierung einer einzigen biologischen Probe sehr kostengünstig wurde. Und wieder wuchsen die Datenbestände exponentiell weiter.

Mittlerweile sind „Systembiologen" daran interessiert, die ganze Bandbreite molekularer Mechanismen und die Zusammenhänge zwischen Genom, Transkriptom, Proteom und anderen „Omics"-Ebenen genau zu verstehen. Dazu werden die oben beschriebenen großen Daten („Big Data") häufig parallel an denselben Proben erhoben (Huang et al. 2017). Ziel einer Analyse sind dann nicht zwingenderweise einzelne Komponenten (wie etwa in der Genetik), sondern das gesamte Muster. Zur Auswertung werden viele der oben genannten Methoden der Data Science verwendet und von Bioinformatikern weiterentwickelt. Insofern sind die unterschiedlichen Disziplinen sehr aufeinander angewiesen und können stark voneinander profizieren.

Literatur

Huang S, Chaudhary K, Garmire LX (2017) More is better: recent progress in multi-omics data integration methods. Frontiers in genetics 8:84

Jung K, Vogel C, Zapf A, Frömke C (2019) Reproduzierbare Forschungsergebnisse: Anforderungen und Herausforderungen durch Data Science. mdi 21(2):45–48

Kruppa J, Jung K (2017) Automated multigroup outlier identification in molecular high-throughput data using bagplots and gemplots. BMC Bioinform 18:232

Was ist (Medical) Data Science? Eine integrative Perspektive

Prof. Dr. Antonia Zapf forscht als Biometrikerin zu statistischen Methoden für Diagnose- und Interventionsstudien, insbesondere zu adaptiven Designs. Neben der Forschung ist ihr das Selbstverständnis und die Fremdwahrnehmung der Biometrie ein wichtiges Anliegen.

Was ist Data Science?

Ich bin Biometrikerin (oder Biostatistikerin oder Medizinstatistikerin, aus meiner Sicht sind das Synonyme). Damit ist meine Aufgabe an einem Universitätsklinikum im Kontext der Wissenschaft die Weiterentwicklung der statistischen Methodik und die Anwendung von Statistik zur Analyse von Daten (Zapf et al. 2019). Wissenschaft mit Daten - also data science? Bin ich ein data scientist? Während der Begriff data science ursprünglich 1960 von dem dänischen Informatiker Peter Naur als bessere Alternative zum Begriff Informatik („computer science") vorgeschlagen wurde, hat C.F. Jeff Wu 1997 data science mit Statistik gleichgesetzt (Ratner 2017). Schon anhand dieser Positionierungen wird klar, dass verschiedene Fachdisziplinen den Begriff data science für sich beanspruchen.

Vor kurzem habe ich mich auf einer Tagung mit Statistik-Studierenden unterhalten, die gerade am Übergang zum Beruf standen und mir von ihrer Stellensuche erzählten. Sie haben sich alle als data scientists bezeichnet und nach entsprechenden Ausschreibungen gesucht, waren allerdings ob der unübersichtlichen Situation frustriert. Kein Wunder: Wenn man sich entsprechende Stellenausschreibungen anschaut, findet man einen bunten Strauß von Aufgaben – von der Methodenentwicklung bis zur Visualisierung von Ergebnissen, von der Planung von Studien bis zur Modellierung von Daten, das Ganze gerne garniert mit den Begriffen big data und machine learning. Auch inhaltlich ist das Feld sehr heterogen: Stellenangebote für data scientists, umfassen Ausschreibungen von Banken, Wirtschaftsprüfungsgesellschaften, Beratungsfirmen und ähnlichem – die medizinische Forschung spielt hier eine verhältnismäßig kleine Rolle. Die Konsequenz ist eine allgemeine Konfusion: Wenn nur der Begriff data science ohne weitere Spezifikation auftaucht, dann wissen Bewerber nicht, was von ihnen erwartet wird und Arbeitgeber wissen bei dem heterogenen Bewerberfeld ebensowenig, was sie von data scientists erwarten können.

Im Kontext des vorliegenden Bandes ist aber genau das zu klären – was ist eigentlich medizinische Datenwissenschaft, d. h. medical data science? Um das zu klären, ist ein Blick auf die beteiligten Fachdisziplinen hilfreich: In diesem Gebiet der datengestützten Wissenschaft sind Bioinformatiker, Biometriker, Datenmanager, Epidemiologen, Medizininformatiker und noch weitere Berufsgruppen tätig. Erst aus der Zusammenschau der Profile dieser verschiedenen Disziplinen lässt sich ersehen, was medical data science alles umfasst.

Auf der einen Seite hat jede Disziplin ihre eigenen Kernkompetenzen und Verantwortlichkeiten – diese sollten die Kooperationspartner auch kennen, um Missverständnisse zu vermeiden und eine erfolgreiche Zusammenarbeit zu ermöglichen (Zapf et al. 2020). Daher halte ich es für richtig und hilfreich, die entsprechenden Berufsbezeichnungen zu verwenden. Auf der anderen Seite gibt es viele Überlappungsbereiche zwischen den Disziplinen. Daher halte ich es für absolut erstrebenswert, dass sich die verschiedenen Fachdisziplinen aus dem Bereich medical data science vernetzen, um die Synergien zu nutzen. Wenn wir es schaffen würden, ein stimmiges Gesamtkonzept zu entwickeln, bei dem jeder seine Expertise bestmöglich einsetzt und mit der der anderen Disziplinen verzahnt, würden wir ein leistungsstarkes und effizientes Konstrukt erhalten – medical data science mit den verschiedenen Berufsgruppen als Protagonisten. Die Realität sieht allerdings im Moment noch so aus, dass häufig nicht nur um den Begriff data science, sondern auch um Studierende, Aufgaben, Stellen und Kooperationspartner gekämpft wird.

Dieses Buch ist ein schönes Beispiel für eine integrative Perspektive auf medical data science, die durch gleichzeitige Abgrenzung und Vernetzung der Disziplinen zustande kommt: Es gibt solche Beiträge, die zeigen, wie fachspezifische Lehrinhalte didaktisch gut vermittelt werden können und solche, die fachunspezifische, übergreifende didaktische Ansätze vorstellen. Die Verzahnung von beidem führt zu einer integrativen Perspektive auf Lehre im Kontext von medical data science.

In der Deutschen Gesellschaft für Medizinische Informatik, Biometrie und Epidemiologie (GMDS), die über die namensgebenden Disziplinen hinaus auch die Disziplinen Medizinische Dokumentation, Bioinformatik und Systembiologie vertritt, steckt das Potential für einen Schulterschluss der Disziplinen, der einen integrativen Blick auf medical data science ermöglichen würde. Für diesen Schulterschluss sind aus meiner Sicht drei Schritte nötig: 1. Die klare Definition und gegenseitige Anerkennung der Kernkompetenzen und Verantwortlichkeiten der einzelnen Disziplinen, 2. die Identifizierung von Überlappungsbereichen und Nutzbarmachung für eine effiziente Zusammenarbeit und 3. die Kommunikation dieses Konstrukts von medical data science nach außen, gerichtet u. a. an Studierende, Kooperationspartner, Universitätsleitungen und Drittmittelgeber.

Was also hat es mit dem Begriff (medical) data science auf sich? Aus meiner Sicht kann (medical) data science alles sein und alle zugehörigen Disziplinen unter einen Hut bringen – aber (medical) data science ist nichts und bringt nichts, wenn jeder versucht, sich den Hut alleine aufzusetzen.

Literatur

Ratner B (2017) Statistical and machine-learning data mining: techniques for better predictive modeling and analysis of big data, 3. Aufl. Taylor & Francis

Zapf A, Huebner M, Rauch G, Kieser M (2019) What makes a biostatistician? Stat Med 38(4):695–701

Zapf A, Rauch G, Kieser M (2020) Why do you need a biostatistician? BMC Med Res Methodol 20(1):23

Inhaltsverzeichnis

1	**Statistischer Humor im Unterricht**	1
	Annette Aigner	
2	**Personalisierte Medizin live erleben**	13
	Franziska Bathelt, Michéle Kümmel, Sven Helfer, Mirko Gruhl und Martin Sedlmayr	
3	**Herr Herbinger hat ein Herzproblem**	29
	Ursula Berger und Michaela Coenen	
4	**Der richtige Mix macht's**	43
	Iris Burkholder	
5	**Ein (didaktischer) Werkzeugkasten für ein effektives R Training**	53
	Stefan Englert, Greg Cicconetti und William Randall Henner	
6	**Biostatistik trifft auf OMICS**	65
	Theodor Framke und Anika Großhennig	
7	**Methoden zur Abwechslung, Auflockerung und Aktivierung in der (Biometrie-)Lehre**	81
	Carolin Herrmann	
8	**Spielerisch Daten reinigen**	93
	Jochen Kruppa und Miriam Sieg	
9	**Flipped Classroom mit SAS on Demand**	105
	Rainer Muche, Andreas Allgöwer, Ulrike Braisch, Marianne Meule und Benjamin Mayer	
10	**P-Wert im Geldbeutel?**	117
	Geraldine Rauch	

11 Biomathe kann begeistern! 127
Christel Weiß

12 Einsatz von Audience Response Systemen in der Lehre 143
Antonia Zapf und Sinan Necdet Cevirme

Statistischer Humor im Unterricht

Witze und Cartoons für signifikanten Spaß mit relevantem Effekt

Annette Aigner

1.1 Einleitung

F: „Statistik?" A: „Das mochte ich noch nie."
Viele Dozierende in sozialwissenschaftlichen Fächern, Psychologie, Epidemiologie, Public Health, und vielen mehr sind mit der großen Aufgabe konfrontiert, ein tendenziell a priori mit negativen Assoziationen besetztes, unbeliebtes, verstaubt und trocken geglaubtes, und für unverständlich und unzugänglich gehaltenes Pflichtfach zu unterrichten. Dies ist natürlich keine einfache Aufgabe und erfordert konstantes Engagement und Motivation der Dozierenden – potenziell über mehrere Unterrichtseinheiten und Semester hinweg.

Es gibt viele Belege dafür, dass Humor in der Lehre für die Qualität des Unterrichts und die Ergebnisse der Studierenden funktional relevant ist (Wanzer et al. 2010). Und mit Humor im Statistikunterricht hat man die Möglichkeit, Stereotypen oder Unbehagen zu zerstreuen – gegenüber dem Fach, dem Kurs oder gar den Dozierenden (Lesser und Pearl 2008).

Elektronisches Zusatzmaterial Die elektronische Version dieses Kapitels enthält Zusatzmaterial, das berechtigten Benutzern zur Verfügung steht https://doi.org/10.1007/978-3-662-62193-6_1.

A. Aigner (✉)
Institut für Biometrie und Klinische Epidemiologie, Universitätsmedizin Berlin – Charité, Berlin, Deutschland
E-Mail: annette.aigner@charite.de

© Der/die Herausgeber bzw. der/die Autor(en), exklusiv lizenziert durch Springer-Verlag GmbH, DE, ein Teil von Springer Nature 2021
C. Herrmann et al. (Hrsg.), *Zeig mir Health Data Science!*,
https://doi.org/10.1007/978-3-662-62193-6_1

Humor kann natürlich im Unterricht verschiedenster Fachbereiche seine Anwendung finden, wir wollen uns hier vor allem auf das Gebiet der Statistik, Biostatistik bzw. Biometrie fokussieren. Sowohl in Beobachtungsstudien als auch in randomisierten Studien wurde gezeigt, welche Effekte ein humorvoller Umgang mit dem Lerngegenstand Statistik haben kann. In einem ersten Schritt kann Humor potenziell vorhandene negative Emotionen gegenüber dem Fach abschwächen – indem er einerseits Stress bezüglich erwarteter Leistungen reduziert (Berk und Nanda 1998, 2006), und andererseits die Angst vor dem allgemein als schwer wahrgenommenen Fach genommen wird (White 2001). Gleichzeitig steigert Humor die Motivation der Studierenden, indem er Denken fördern kann, Wissen festigen und Studierenden eine kurze (Denk)-Pause gibt und den inhaltlichen Unterricht aufbricht bzw. auflockert (White 2001) (Neumann et al. 2009). In einem zweiten Schritt können positive Emotionen und eine gesteigerte Motivation die Teilnahme am und die Aufmerksamkeit im Unterricht erhöhen (Neumann et al. 2009; Narula et al. 2011). Es wurde aber auch gezeigt, dass sich hiermit die wahrgenommene Qualität des Unterrichts erhöht, was sich in besseren Kursevaluationen widerspiegeln kann (Garner 2006). In einem weiteren und langfristig natürlich sehr wichtigen Schritt, können mit Humor im Unterricht auch bessere Noten (Berk und Nanda 1998, 2006; Narula et al. 2011), sowie mehr beibehaltenes fachliches Wissen (Garner 2006) einhergehen. Eine ausführliche Zusammenfassung der Mechanismen von Humor im Unterricht allgemein und im Statistikunterricht im Speziellen geben Friedmann et al. (2002).

Erfahrene Dozierende verwenden mehr Humor im Unterricht als weniger erfahrene, was ein möglicher Hinweis darauf ist, dass diejenigen mit mehr Lehrkompetenz den Wert von Humor erkannt haben, geübt darin sind, Humor effektiv in den Unterricht zu integrieren, und möglicherweise Vertrauen in ihre Fähigkeit entwickelt haben, Humor zu improvisieren (Banas et al. 2011).

Humor wird immer einigen Dozierenden mehr liegen als anderen, Humor im Unterricht muss angebracht und darf nicht anstößig sein, Sarkasmus kann beispielsweise falsch verstanden werden – daher fällt es vielen Dozierenden mit Recht nicht leicht vor einer Gruppe Studierender Witze zu machen. Unter den verschiedenen Arten von Humor im Unterricht sollte man mit Bedacht wählen – so sollten die Dozierenden mit jener Art Humor beginnen, die mit dem geringsten Risiko einhergeht, die am meisten in ihre Komfortzone fällt oder zu ihrer Persönlichkeit passt (Lesser and Pearl 2008). So kann zum Beispiel nicht jeder ohne weiteres Witze improvisieren, lustige Anekdoten erzählen oder Lieder aufnehmen. Aber genau hier setzt die Idee der Witze und Cartoons an – sie können vorbereitet, auf Folien richtig positioniert werden und so den Unterricht geplant auflockern.

1.2 Methodik

The kind of humor I like is the thing that makes me laugh for five seconds and think for ten minutes. ~William Davis

F: Wann im Unterricht können Witze und Cartoons eingebracht werden? A: Zum Einstieg in den Unterricht, zur Wiederholung von Inhalten oder jederzeit als kurze Unterbrechung und Auflockerung.

Zu Beginn kann ein Witz oder ein Cartoon helfen den Start in den Unterricht angenehm zu gestalten und die Konzentration der Studierenden zu sammeln. Während einer Einheit können soeben vermittelte Inhalte wiederholt werden. Darüber hinaus können Witze und Cartoons auch an jeder beliebigen Stelle im Unterricht zum Einsatz kommen, um den Studierenden eine kurze (Denk-)Pause zu geben und den Ablauf der Folien aufzubrechen.

F: Welcher Humor ist der richtige? A: Mit Bezug zum Lerngegenstand, passend zum Wissensstand.

Witze und Cartoons sollten immer einen Bezug zum aktuellen Lerngegenstand haben und gleichzeitig auf den Wissensstand der Studierenden angepasst sein – oder adäquat vorbereitet. Ein guter Witz oder Cartoon sollte eine Unterbrechung im Ablauf der Folien sein, die Studierenden nachdenken lassen und den Scherz mit gelernten Konzepten verknüpfen. Dann sollte aber gelacht und der Humor geteilt werden – zumindest vom Großteil der Studierenden, denn jeder kennt das: Ein Scherz ist meist nicht mehr lustig, nachdem man ihn ausführlich erklären musste. Aber wenn ein Scherz erst verstanden wird, wenn ein eventuell komplexes Konzept dahinter klar ist, ist er umso besser. An den Inhalt vieler Folien davor kann man sich weniger leicht erinnern als an die eine Folie mit einem guten Witz oder einem guten Cartoon.

F: Wieviel Humor darf sein? A: Einsatz mit Maß, grobe Richtlinie max. alle 20/25 min.

Der erfolgreiche Einsatz von Humor setzt auch voraus, dass Humor mit Maß eingesetzt wird. Die Aufmerksamkeitsspanne von Erwachsenen wird im Allgemeinen auf ca. 20 Min. geschätzt, danach kann aber diese Spanne um weitere 20 Min. verlängert werden (Cornish and Dukette 2009). Das heißt, zumindest theoretisch kann die Aufmerksamkeitsspanne verlängert werden, indem man im Schnitt alle 20 Min. den Ablauf eines Vortrags unterbricht. In einer 90 minütigen Vorlesung könnte man daher den Einsatz von Pausen zur Vermeidung von gedanklichem Abschweifen (Ubah 2018) mit dem Einsatz von humorvollen Unterbrechungen kombinieren – und z. B. nach 20/25 Min. einen Witz oder Cartoon einbauen, nach weiteren 20/25 Min. eine kurze Pause machen – und das Gleiche für die weiteren 45 Min.

F: Wo können Witze und Cartoons noch eingesetzt werden? A: Auf Lernplattformen, Handouts, Vorlesungsskripten, Textbüchern.
Witze und Cartoons können natürlich auch über den Vortrag hinaus eingesetzt werden. So können sie auch dazu animieren, regelmäßig Lernplattformen zu besuchen und sie können Handouts und Textbücher ansprechender gestalten.

F: Welche Ressourcen kann ich verwenden? A: Witze, Cartoons – basierend auf vielen vorhandenen Onlineressourcen, aber natürlich auch Zitate, Bilder, Memes, Videos und Lieder.
Hier fokussieren wir auf den Einsatz von Witzen und Cartoons, da diese die am einfachsten umzusetzende Form von Humor im Unterricht ist. Aber natürlich sind dem Dozierenden keine Grenzen gesetzt. Man kann sich daher auch mit dem Einsatz von humorvollen Zitaten (bekannter Persönlichkeiten, aber auch von Twitter, etc.), Bildern, Memes, kurzen Video-Sequenzen oder Liedern auseinandersetzen. Im folgenden Kapitel sind Onlineressourcen für Witze und Cartoons primär für den Einsatz im Statistikunterricht gelistet. Einige vorgeschlagene Ressourcen sind allgemeiner gehalten, haben aber auch immer wieder für Statistik relevante Aspekte. Alle Materialen sind in englischer Sprache verfasst. Die Ausnahme ist eine von der Autorin zur Verfügung gestellte Sammlung von Witzen im Zusatzmaterial, welche auf Deutsch und vor allem mithilfe der Studienvertretung Statistik der Universität Wien entstanden ist. Die englische Sprache stellt aber meist in einem universitären Setting kein Hindernis für das Verständnis dar, eine Übersetzung ist allerdings großteils auch möglich.

1.3 Ressourcen

1.3.1 Gemischte Materialen, nach Themen gegliedert

CAUSEWeb ist eine 2004 vom Konsortium zur Förderung der statistischen Grundausbildung (Consortium for the Advancement of Undergraduate Statistics Education – CAUSE) gegründete digitale Bibliothek, die Forschungsmaterialien und -ressourcen für den Statistikunterricht bereitstellt. Unter dem Punkt „Fun" findet sich eine elektronische Datenbank mit humorvollen Materialien, die nach statistischen Themen durchsucht werden kann, also z. B. „Correlation/Regression", aber auch nach Typ, also z. B. Cartoon, Joke, Quote, Poem, etc. Zu dem jeweiligen Material ist darüber hinaus noch kurz kommentiert, in welchem Kontext und wie es eingesetzt werden kann (https://www.causeweb.org/resources/fun/).

1.3.2 Witze

Eine Übersicht über verfügbare Onlineressourcen für Statistikwitze mit einer kurzen Beschreibung und URL gibt Tab. 1.1, inklusive der bereits erwähnten Sammlung von Witzen im Anhang.

Tab. 1.1 Ressourcen für Witze – Beschreibung und URL

Name	Beschreibung	URL für Statistikwitze
Anhang	– von der Autorin gesammelte Witze in deutscher Sprache – entstanden mit großer Unterstützung der Studienvertretung Statistik der Universität Wien, deren Newsletter seit 2013 immer einen Witz, ein Meme oder anderen humorvollen Input beinhalten – übersetzte Witze, die teilweise in anderen Onlineressourcen enthalten sind, aber auch einige Witze die nur in deutscher Sprache funktionieren	im Zusatzmaterial des Artikels; eventuell auch bald laufend unter https://strvstat.univie.ac.at/
WorkJoke	– Witze-Website, mit berufsbezogenen Witzen – jede*r ist eingeladen, originelle Witze zu schicken	http://www.workjoke.com/statisticians-jokes.html
ListenData	– Website für data-science Tutorials zu einer Vielzahl von Themen wie z. B. SAS, Python, R, SPSS, Machine Learning – zeigt auch eine Sammlung von Statistik-Witzen	https://www.listendata.com/2013/09/statistics-jokes.html
Aha! Jokes	– saubere Online-Witzseite mit familienfreundlichen, humorvollen Inhalten, Witzen, lustigen Bildern, Videos usw. – Tägliche Updates auf der Website – online seit August 2001	http://www.ahajokes.com/math_jokes.html
Website Rob J. Hyndman	– Professor für Statistik an der Monash University	https://robjhyndman.com/hyndsight/statistical-jokes/

1.3.3 Cartoons

Tab. 1.2 gibt eine Übersicht über verfügbare Onlineressourcen für Statistikcartoons, inklusive URL, einer kurzen Beschreibung und konkreten Beispielen in der Statistik.

Tab. 1.2 Ressourcen für Cartoons – Beschreibung, URL und Beispiele

Name & URL	Beschreibung	Statistik Beispiele
xkcd xkcd.com	– Webcomic – von Randall Munroe – erstmals 2005 erschienen – Themen: Mathematik, Programmieren, Wissenschaft – 3 Mal pro Woche, montags, mittwochs und freitags, werden neue Cartoons hinzugefügt	Korrelation: https://xkcd.com/552/ Extrapolation: https://xkcd.com/605/ Multiplee Testen: https://xkcd.com/882/ Modelgüte: https://xkcd.com/1725/
cartoonstock cartoonstock.com	– Datenbank – 1997 gegründet – über 500.000 humoristische und politische Karikaturen, Cartoons und Illustrationen von mehr als 1000 Karikaturist*innen, die alle zur sofortigen Lizenzierung und zum Herunterladen verfügbar sind	Fehlende Werte: https://www.cartoonstock.com/cartoonview.asp?catref=bven657 Daten und Forschungsfrage: https://www.cartoonstock.com/cartoonview.asp?catref=wmi100422 Poissonverteilung: https://www.cartoonstock.com/cartoonview.asp?catref=aevn810 Vorhersagen: https://www.cartoonstock.com/cartoonview.asp?catref=tobn149
Dilbert dilbert.com	– Comic-Strip – von Scott Adams – erstmals 1989 erschienen – Themen: Satirischer Bürohumor mit dem Ingenieur Dilbert über Unternehmen, Konflikte und Situationen im Arbeitsalltag, aber teilweise auch geeignet um Situationen im Forschungsalltag zu beschreiben – erscheint online und in 2000 Zeitungen weltweit	Korrelation: https://dilbert.com/strip/2012-12-12 Regression: https://dilbert.com/strip/2019-11-30 Durchschnitte: https://dilbert.com/strip/2015-01-24 Zufallszahlen: http://dilbert.com/strip/2001-10-25 Datenqualität: https://dilbert.com/strip/2018-04-03 http://dilbert.com/strip/2008-05-07
PhD Comics phdcomics.com	– Zeitungs- und Webcomic-Strip – von Jorge Cham – erstmals 1997 erschienen – Themen: das Leben von PhD Studierenden, aber auch die Schwierigkeiten der wissenschaftlichen Forschung	Korrelation: http://phdcomics.com/comics/archive.php?comicid=1388 Statistik in Medien: http://phdcomics.com/comics/archive.php?comicid=1271 Regression: http://phdcomics.com/comics/archive.php?comicid=1921 Extrapolation: http://phdcomics.com/comics/archive.php?comicid=1056

1.4 Beispielanwendung

1.4.1 Beispielhafte Beschreibung einer Unterrichtseinheit zu Linearer Regression

Zum Einstieg in die Einheit auf der ersten Folie, die schon sichtbar sein kann, während die Studierenden eintreffen eigenen sich allgemeine Witze und Cartoons – wie etwa folgender, vor allem bei Studierenden mit medizinischem Hintergrund:

> *Patient: Werde ich diese riskante Operation überleben? Chirurgin: Ja, ich bin absolut sicher, dass Sie die Operation überleben werden. Patientin: Wie können Sie so sicher sein? Chirurgin: Nun, 9 von 10 Patienten sterben bei dieser Operation, und gestern ist mein neunter Patient gestorben.*

Nachdem das Konzept der Regression allgemein erklärt wurde, kann folgender kurzer Witz als Auflockerung dienen (nur auf Englisch möglich):

> *I tried to fit a line to estimate how many people fall per banana peel, but it was a slippery slope.* (Quelle: https://www.causeweb.org/cause/resources/library/r12865, 25.03.2020)

Nachdem die Kleinste-Quadrate Methode eingeführt wurde, liefert folgender Witz eine nette Auflockerung:

> *Q: Wodurch können Kampfsportler den Erfolg ihres Kindes in Zukunft erwartungstreu bestimmen? A: Sie verwenden den Kleinst-Karate-Schätzer.*

Als weitere Auflockerungsfolie und um das Konzept der Regression abzuschließen, kann folgender Cartoon in Abb. 1.1 dienen.

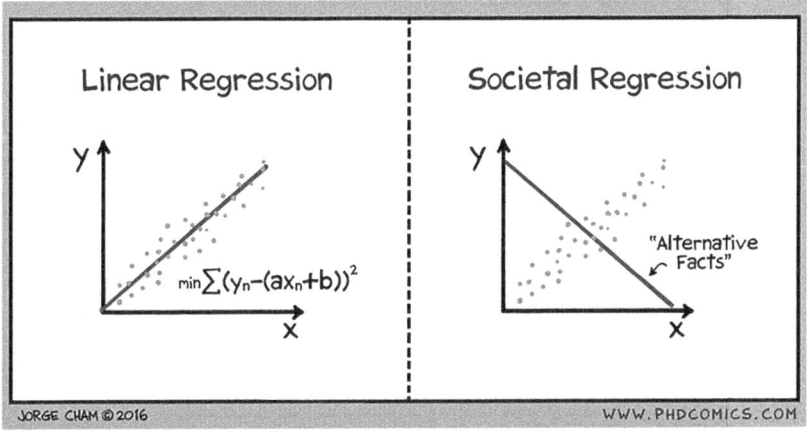

Abb. 1.1 Cartoon zu linearer Regression von phdcomics.com. Quelle: http://phdcomics.com/comics/archive_print.php?comicid=1921, 25.03.2020

Mit einem Cartoon wie in Abb. 1.2 oder Abb. 1.3 kann im Anschluss auf die Problematik der Extrapolation eingegangen werden.

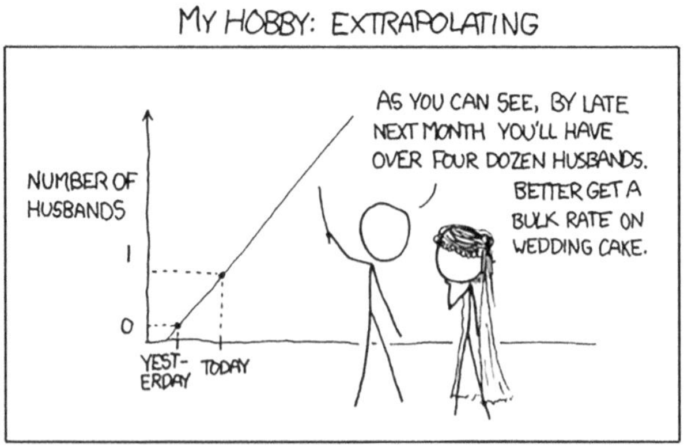

Abb. 1.2 Cartoon zu Extrapolation von xkcd.com. Quelle: https://xkcd.com/605/, 25.03.2020

"How are those revised projections coming along?"

Abb. 1.3 Cartoon zu Vorhersage von cartoonstock.com. Quelle: https://www.cartoonstock.com/cartoonview.asp?catref=tobn149, 25.03.2020

1.4.2 Persönliche Erfahrungen

Die Autorin setzt Humor seit Beginn ihrer Lehrtätigkeit ein – zuerst ohne sich mit den pädagogischen Studien zu den Effekten von Humor im Unterricht beschäftigt zu haben. Allerdings hat sie gemerkt wie dankbar Studierende für einen angenehmen Start in den Unterricht oder eine kleine Unterbrechung des Vortrags waren, und den Dozierenden damit auch mehr als nahbaren Menschen erleben. Das heißt die verschiedenen Witze und deren Effekte, Präferenzen von Studierenden, etc. haben sich mit der Zeit erwiesen, sodass Witze und Cartoons ein konstanter Bestandteil jeder Unterrichtseinheit geworden sind, ohne von dieser viel Zeit zu nehmen – geschätzt einige Min. in einer 90 minütigen Vorlesung, je nachdem ob es nur kurze Witze oder längere Cartoons sind, die man eventuell nachbesprechen muss. Das Wichtigste ist es, den Humor selbst gut zu finden, das Material gut zu platzieren, eventuell vor- und nachzubereiten, denn es sollte zum Nachdenken anregen, aber es sollte sichergestellt werden, dass das Niveau korrekt ist – das heißt, dass jede*r der/die dem Unterricht gefolgt ist, den Humor mit einigem Nachdenken auch verstehen und lachen kann.

Interessanterweise unterscheidet sich Humor bezüglich Statistik zumindest nicht stark nach Publikum. Egal ob Bachelor, Master oder PhD Studierende, ausgebildete Ärzt*innen, aktive Forscher*innen oder Gesundheitsexpert*innen mit europäischem, afrikanischem, nahöstlichem oder asiatischem Kulturhintergrund – sie alle waren immer dankbar für Witze, Cartoons und lustige Anekdoten – auch, wenn sie zuerst das Thema Statistik teilweise sehr kritisch gesehen haben. Feedback von Studierenden, wie „Ich wusste gar nicht, dass Statistik auch Spaß machen kann!" ist natürlich nochmals ein Ansporn, genau diesen Aspekt zu betonen.

1.5 Diskussion und Ausblick

1.5.1 Anwendungsmöglichkeiten

Der Anwendung von Witzen und Cartoons im Statistikunterricht sind eigentlich keine Grenzen gesetzt. Einige weitere Möglichkeiten wurden in diesem Artikel aufgeführt, wie z. B. die Verwendung auf Lernplattformen und Handouts. Auch die Begrenzung auf die Vermittlung von statistischen Lehrinhalten ist hier nur aus persönlichen Erfahrungen erfolgt, jedes Fach und jede Disziplin hat ihre eigenen Witze und Formen für Humor – nicht nur Statistik kann Spaß machen!

Neben Witzen und Cartoons gibt es natürlich auch andere humorvolle Ressourcen – Zitate (bekannter Persönlichkeiten, von Twitter, etc.) und passende Bilder können ebenso einfach und ohne große Vorbereitung eingebaut werden. Onlineressourcen hierfür sind aber sehr heterogen und nicht so einfach auffindbar, weshalb hier nicht weiter darauf eingegangen wurde. Memes und kurze Videosequenzen oder Lieder können den Unterricht ebenso ideal ergänzen, sind allerdings nicht ganz so einfach zu finden oder anzuwenden, und müssen zur Unterrichtseinheit, den Studierenden und nicht zuletzt zu dem/der Dozierenden passen.

1.5.2 Chancen des Lehrmaterials

Der Fokus dieses Artikels wurde bewusst auf online frei verfügbare Ressourcen gelegt. Onlinematerial wird ständig erweitert, wie z. B. die Datenbank von CAUSEWeb, die hier nochmals als hervorragende Ressource hervorgehoben werden soll. Andere Materialien wie z. B. der Cartoon Guide to Statistics (Gonick und Smith 1993) oder der Manga Guide to Statistics (Takahashi 2008) können sicher ebenso tolle Ergänzungen einer Unterrichtseinheit bieten, Dozierende haben allerdings nur begrenzten Zugang zu diesen Materialien.

Ein weiterer Vorteil ist natürlich, dass die Vorbereitungszeit sich in Grenzen hält. Vor allem bei sich wiederholenden Unterrichtsthemen wie deskriptive Statistik, Korrelation und Regression etc. muss man sich nur einmal mit guten Witzen und Cartoons auseinandersetzen und die für die konkrete Unterrichtseinheit und für sich selbst passenden Ressourcen suchen – und der weitere Zeitaufwand ist dann sehr begrenzt.

1.5.3 Grenzen des Lehrmaterials

Natürlich werden Witze und Cartoons immer nur ein Bruchteil eines guten Unterrichts ausmachen, vor allem auch zeitlich – und das soll auch so sein. Spaß am eigenen Fach zu vermitteln, hat sehr viel mehr Facetten als das Einbringen von Witzen und Cartoons, fällt allerdings nicht jedem*r Dozierenden leicht – vor allem nicht bei eher geringer Lehrerfahrung.

Darüber hinaus können sich sicher manche Dozierende nicht mit dem Einsatz von Witzen und Cartoons im Unterricht identifizieren, empfinden diese nicht als angebracht und gestalten trotzdem einen hervorragenden Unterricht. Manche Kolleg*innen empfinden aber eventuell Humor im Unterricht sehr wertvoll, fühlen sich allerdings nicht in der Lage, dies persönlich zu vermitteln. Vor allem sie sollten sich hiermit animiert fühlen etwas Neues auszuprobieren – und genau hierfür eignen sich Witze und Cartoons sehr gut.

Anhang

Statistikwitze - in deutscher Sprache, gegliedert nach Lehrinhalt.

Literatur

Banas JA, Dunbar N, Rodriguez D, Liu SJ (2011) A review of humor in educational settings: Four decades of research. Commun Educ 60(1):115–144

Berk RA, Nanda J (2006) A randomized trial of humor effects on test anxiety and test performance. Walter de Gruyter, Berlin

Berk RA, Nanda JP (1998) Effects of jocular instructional methods on attitudes, anxiety, and achievement in statistics courses. Walter de Gruyter, Berlin

Cornish MD, Dukette D (2009) The essential 20: twenty components of an excellent health care team. Dorrance Publishing, Pittsburghs

Friedman HH, Friedman LW, Amoo T (2002) Using humor in the introductory statistics course. J Stat Educ 10(3)

Garner RL (2006) Humor in pedagogy: How ha-ha can lead to aha! Coll Teach 54(1):177–180

Gonick L, Smith W (1993) The cartoon guide to statistics. Collins

Lesser LM, Pearl DK (2008) Functional fun in statistics teaching: Resources, research and recommendations. J Stat Educ 16(3)

Narula R, Chaudhary V, Agarwal A, Narula K (2011) Humor as a learning aid in medical education. Nat J IntegrRes Med 2(1):22–25

Neumann DL, Hood M, Neumann MM (2009) Statistics? You must be joking: The application and evaluation of humor when teaching statistics. J Stat Educ 17(2)

Takahashi S (2008) The manga guide to statistics. No Starch Press, San Francisco

Ubah JN (2018) Predictors of boredom at lectures: Medical Students' experience. Adv Soc Sci Res J 5(1):91–95

Wanzer MB, Frymier AB, Irwin J (2010) An explanation of the relationship between instructor humor and student learning: Instructional humor processing theory. Commun Educ 59(1):1–18

White GW (2001) Teachers' report of how they used humor with students perceived use of such humor. Education 122(2):337–348

Personalisierte Medizin live erleben

Entwicklung eines Entscheidungsunterstützungssystems mithilfe synthetischer Patientendaten

Franziska Bathelt, Michéle Kümmel, Sven Helfer, Mirko Gruhl und Martin Sedlmayr

2.1 Einleitung

Fachübergreifende Studienrichtungen wie z. B. die Medizinische Informatik sollen umfangreiches Wissen in allen beteiligten Disziplinen vermitteln. Oft scheitert dies jedoch an einer geeigneten Möglichkeit die Inhalte miteinander in Verbindung zu setzen. Am Zentrum für Medizinische Informatik (Universitätsklinikum Carl Gustav Carus 2020), einer gemeinsamen Einrichtung des Universitätsklinikums Carl Gustav Carus Dresden (UKD) und der Medizinischen Fakultät der Technischen Universität

---

Elektronisches Zusatzmaterial Die elektronische Version dieses Kapitels enthält Zusatzmaterial, das berechtigten Benutzern zur Verfügung steht https://doi.org/10.1007/978-3-662-62193-6_2.

F. Bathelt (✉) · M. Kümmel · S. Helfer · M. Gruhl · M. Sedlmayr
Institut für Medizinische Informatik und Biometrie, Medizinische Fakultät Carl Gustav Carus, Technische Universität Dresden, Dresden, Deutschland
E-Mail: franziska.bathelt@tu-dresden.de

M. Kümmel
E-Mail: michele.kuemmel@tu-dresden.de

S. Helfer
E-Mail: sven.helfer@tu-dresden.de

M. Gruhl
E-Mail: mirko.gruhl@tu-dresden.de

M. Sedlmayr
E-Mail: martin.sedlmayr@tu-dresden.de

© Der/die Herausgeber bzw. der/die Autor(en), exklusiv lizenziert durch Springer-Verlag GmbH, DE, ein Teil von Springer Nature 2021
C. Herrmann et al. (Hrsg.), *Zeig mir Health Data Science!*,
https://doi.org/10.1007/978-3-662-62193-6_2

Dresden (TU Dresden) arbeiten MedizinerInnen mit InformatikerInnen und anderen WissenschaftlerInnen gemeinsam in Krankenversorgung, Forschung und Lehre.

In diesem interdisziplinären Team wurde das Komplexpraktikum „Medizinische Informatik" für den Einsatz an der Fakultät Informatik der TU Dresden entwickelt, mit dem Ziel Studierenden der Masterstudiengänge Informatik und Medieninformatik anzusprechen, die sowohl grundlegende Programmier- und Datenbankkenntnisse vorweisen als auch über Interesse an medizinischen Fragestellungen verfügen sollten. Dabei sollen Probleme und Herausforderungen einer Klinikumgebung anfassbar vermittelt werden, indem Studierende eine explizite medizinische Fragestellung mit Methoden der Informatik selbstständig und im Team bearbeiten. Die Veranstaltung kann durch die Studierenden an der TU Dresden in verschiedenen Wahlpflichtmodulen eingebracht werden.

Damit die Studierenden ohne Einschränkungen auf realistische Patientendaten zugreifen können, entwickelten wir ein Verfahren, mit dem aus den lokalen Verteilungsmustern echter Patientendaten synthetische Daten generiert werden konnten. Diese können ohne datenschutzrechtliche Bedenken für die Arbeit im Projekt sowie für weitere Lehrveranstaltungen zur Verfügung gestellt werden.

In Gruppen von 2–3 Studierenden soll die gestellte Aufgabe eigenständig und unter Nutzung eigener Hardware bearbeitet werden. Um dabei die Betreuung uneingeschränkt gewährleisten zu können, ist das Komplexpraktikum auf 20 Studierende beschränkt. Die Anmeldung zum Komplexpraktikum erfolgt zentral unter Nutzung der hochschulspezifischen Online-Plattform. Diese dient auch als Plattform für die Bereitstellung des Lehrmaterials, für die Organisation der Gruppen sowie für die Interaktion zwischen den Studierenden und dem Lehreteam. Alle Lehrmaterialien (z. B. Folien, Praktikumsaufgabe) und Lernmaterialien (z. B. leere Datenbank/Datenbankschemata, virtuelle Maschine, synthetische Daten) sowie Tipps und Tricks in Form von Wiki-Einträgen werden digital über die Lernplattform zur Verfügung gestellt. Auf dieser Plattform können die Studierenden auch ein Wiki oder ein Lernportfolio für die Gruppenarbeit und zur Sammlung erarbeiteter Informationen nutzen. Für die Bearbeitung der Aufgabe, sowie den Erwerb von methodischen, persönlichen und sozialen Kompetenzen wurde der Aufwand der einsemestrigen Veranstaltung auf 4 Semesterwochenstunden (SWS) bzw. 6 Punkte nach European-Credit-Transfer-System (ECTS) festgelegt.

Durch den generischen Aufbau des Komplexpraktikums kann es in folgenden Semestern mit neuen medizinischen Fragestellungen angeboten werden, ohne bei den Lehrenden eine Lehrverdrossenheit hervorzurufen. Zur Durchführung der Veranstaltung benötigt man außer einer dem aktuellen Standard entsprechenden Präsentations- und E-Teaching-Umgebung keine besonderen technischen Hilfsmittel. Allerdings ist eine ausreichende medizinische und informationstechnische Expertise zum Entwurf des medizinischen und informationstechnischen Szenarios und der dahingehenden Betreuung der Studierenden notwendig.

2.2 Methodik

In Anlehnung an die Methode „Flipped Classroom" (Lage et al. 2000) ist das Komplexpraktikum in Präsenzphasen und Selbststudium untergliedert, damit die eigentlichen Lehrinhalte durch die Studierenden selbst erarbeitet werden können. Lediglich in den ersten beiden Präsenzveranstaltungen (Einführungsveranstaltungen) findet eine semi-frontale Wissensvermittlung statt, um den Kontext der Aufgabe, sowie klinische und rechtliche Gegebenheiten vorstellen zu können. So kann der Fokus besser auf die durch die Studierenden selbst zu erarbeitenden Inhalte gelenkt werden. Die Projektplanung, das heißt die Zerlegung der Aufgabe in Unteraufgaben, die Erarbeitung eines Zeitplans, die notwendigen Recherchen, sowie die Absprache und Koordination in den jeweiligen Gruppen bleibt den Studierenden überlassen. So sollen sie neben den eigentlichen Inhalten zusätzlich Kompetenzen in Projektmanagement und interdisziplinärer Zusammenarbeit erwerben.

In weiteren zwei Präsenzveranstaltungen (Zwischenpräsentationen) stellen die Studierenden ihre Zwischenergebnisse vor und diskutieren mit den Lehrenden sowie den anderen Gruppen ihre Fortschritte, Probleme und Lösungsstrategien. Die jeweilige inhaltliche Zielsetzung dieser Zwischenpräsentationen wird den Studierenden bereits im Rahmen der Einführungsveranstaltungen mitgeteilt. Dies soll bei einer groben Strukturierung der Projektaufgabe unterstützen. Neben der inhaltlichen Präsentation und der damit einhergehenden Einschätzung des Praktikumsfortschritts, dienen die Zwischenpräsentationen dem Erkennen von Problemen, deren Lösungen vorrangig durch die anderen Teams sondiert werden sollen. Der damit verbundene Rollentausch (vom Studierenden hin zum Lehrenden) festigt den erarbeiteten Stoff und trägt zu einem vertieften Verständnis bei. Gleichzeitig wird den Studierenden die Möglichkeit gegeben, Feedback für die Art und Weise der Präsentationen sowie für die Beantwortung der sich anschließenden Fragen zu erhalten. Damit sollen sie indirekt während des gesamten Komplexpraktikums auch auf die Abschlussprüfung in Form eines Kolloquiums vorbereitet werden. Dem Modell des „Constructive Alignment" (Biggs 2003) folgend, wurde das Komplexpraktikum „Medizinische Informatik" so konzipiert, dass die drei Ebenen – Lehr-/Lernmethoden, Prüfungsform, Lernergebnisse – von Anfang an berücksichtigt und in Einklang gebracht wurden. Einen groben Überblick diesbezüglich liefert Abb. 2.1. Im Folgenden wird auf die einzelnen Ebenen detailliert eingegangen.

2.2.1 Lernergebnisse

Das Ziel des Komplexpraktikums „Medizinische Informatik" besteht darin, das während des (Informatik-/Medieninformatik-) Studiums erworbene Wissen auf reale Probleme im medizinischen Bereich anzuwenden. Dabei sollen die Studierenden neben dem Aufbau und der Anwendung fachlicher Kompetenz auch Kompetenzen im Bereich der Persön-

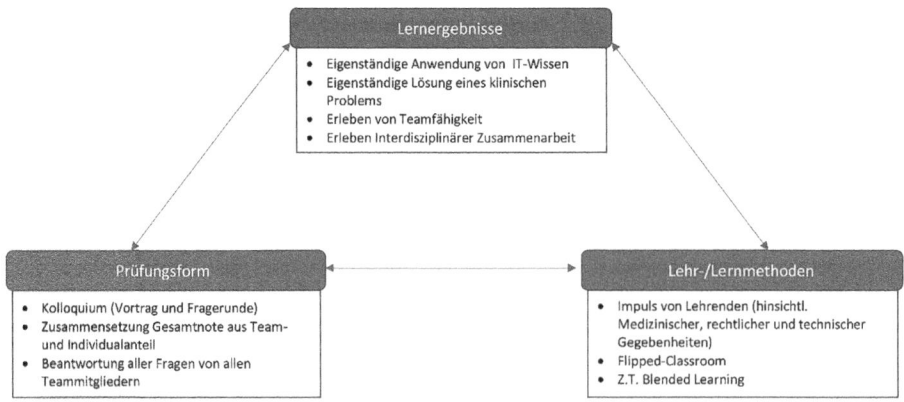

Abb. 2.1 Übersicht der Anwendung des „Constructive Alignments"

lichkeitsentwicklung erwerben. Um speziell den fachlichen Aspekt abzudecken, wird die Aufgabenstellung durch ein interdisziplinäres Team mit Expertise in Medizin, Wirtschaftsinformatik und Informatik erstellt und digital sowie analog zur Verfügung gestellt (vgl. Anlage 1). Bei der Konzipierung wird darauf geachtet, dass die Studierenden den gesamten Prozess von der Akquise, Vorbereitung und Verarbeitung medizinischer Daten anhand eines medizinischen Anwendungsszenarios erleben. Um ein tatsächliches Verständnis für die Belange des medizinischen Personals zu erlangen, ist die Erhebung von Nutzeranforderungen ein essentieller Bestandteil. Um dies mit der Zielsetzung der Persönlichkeitsentwicklung in Verbindung zu setzen, werden die Studierenden angewiesen sich eigenständig in Gruppen mit 2–3 Mitgliedern zu organisieren. Zur Unterstützung des Findungsprozesses, wird in der ersten Einführungsveranstaltung eine Vorstellungsrunde durchgeführt, in der die Studierenden ihren Studiengang und ihre Motivation sowie Erwartungen für das Komplexpraktikum äußern sollen. Darauf wird im Verlauf der Vorstellung der Gesamtaufgabe von den Lehrenden auch explizit eingegangen.

2.2.2 Prüfungsform

Die Form des Kolloquiums wird als finale Prüfungsform gewählt. Dieses besteht aus einem 15-minütigen Vortrag seitens der Studierenden, einer Live-Demonstration der Software (mit vorab ihnen unbekannten Daten) und einer Fragerunde. Die Gesamtnote für jeden einzelnen Studierenden setzt sich dabei aus einem Team- und einem Individualanteil zusammen. Zusätzlich wird vorausgesetzt, dass jeder Studierende eines Teams jede Frage der Fragerunde beantworten können muss. Damit soll der Teamgedanke gestärkt und verhindert werden, dass eine zu starke Aufgabenteilung und damit Spezialisierung und in der Folge eine solistische Bearbeitung der zugeteilten Teilaufgabe stattfindet. Um eine objektive, individuelle Bewertung der Studierenden zu ermöglichen, wird im Vorfeld eine Bewertungsmatrix definiert, die alle zu betrachtenden Kriterien mit Gewichtung umfasst (vgl. Anlage 2). Den Studierenden wird die Prüfungsform, der Ablauf und die groben Bewertungskriterien (inklusive der Gewichtung) in der zweiten Einführungsveranstaltung präsentiert und digital zur Verfügung gestellt (vgl. Anlage 1).

2.2.3 Lehr-/Lernmethoden

Der Methode des „Flipped Classroom" folgend, besteht das Komplexpraktikum aus sich abwechselnden Präsenzterminen und Selbststudiumszeiten, wobei ein Großteil der Präsenztermine aus Vorstellungen und Diskussionen des erworbenen Wissens durch die Studierenden besteht. Während der Selbststudiumszeiten werden die Studierenden durch Online-Angebote im Sinne des „Blended Learnings" (McGee und A. Reis 2012) unterstützt. Einen schematischen Überblick gibt Abb. 2.2.

2.2.3.1 Modifizierter „Flipped Classroom" in Kombination mit initialem Impulsanteil

Das Konzept des „Flipped Classroom" bietet viele Vor- aber auch einige Nachteile. Zur Reduktion der identifizierten Nachteile wurden entsprechende Maßnahmen entwickelt und umgesetzt. Diese sind in Tab. 2.1 dargestellt.

2.2.3.2 Präsenztermin 1 – Einführungsphase

Der erste Präsenztermin umfasst zwei Einführungsveranstaltungen von jeweils 90 min Dauer. In der ersten Einführungsveranstaltung findet zunächst eine Vorstellungs-

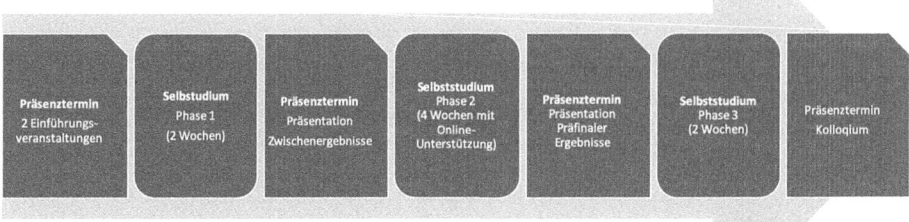

Abb. 2.2 Genereller Ablauf angelehnt an „Flipped Classroom"

Tab. 2.1 Vor- und Nachteile des „Flipped Classrooms"-Konzepts mit potentiellen Maßnahmen zur Reduktion der Nachteile

Vorteile	Nachteile	Maßnahmen zur Reduktion der Nachteile
Den Studierenden wird ermöglicht, ihr bereits erworbenes Wissen zu kombinieren und einzusetzen	Die Studierenden könnten durch die offene Fragestellung und den umfassenden Inhalt überfordert sein	Integration eines Impulsanteiles
Die Studierenden können sich beliebig viel Zeit nehmen die Themen zu erschließen bzw. für sich zu priorisieren	Sehr hohe Eigenverantwortung seitens der Studierenden nötig	Klare Formulierung der Aufgaben, sowie Unterstützung durch Online-Tutorials und engmaschige Präsenzveranstaltung mit Überprüfung von Teilaufgaben und Fortschritten
Die Studierenden erschließen sich die Themen viel tiefgreifender/intensiver	Die Studierenden könnten sich mit Fragen alleingelassen fühlen	Online-Angebote zur Stellung von Fragen an die Lehrenden durch ein Forum innerhalb der Plattform „OPAL" und E-Mail
Durch das Konzept wird Teamkompetenz gestärkt	Die Studierenden teilen sich die Aufgaben nur auf und arbeiten nicht zusammen oder Arbeitsunwillige werden nur mitgezogen	Notenvergabe erfolgt individuell. Zudem muss jeder Studierende in den Präsenzveranstaltungen alle Fragen beantworten können
Die Studierenden können eigene Ideen entwickeln und ihre Kreativität stärken	Intrinsische Motivation ist notwendig	Nutzung eines direkten Anwendungsbeispiels aus der Medizin mit der Möglichkeit, dass die Entwicklungen perspektivisch für die Patientenversorgung eingesetzt werden könnten

runde zwischen Lehrenden und Studierenden statt. Dies soll zum einen die Offenlegung der Erwartungen beider Seiten vereinfachen und zum anderen den Studierenden die Möglichkeit geben, sich untereinander kennen zu lernen. Darauf Bezug nehmend wird der grobe Ablauf des Komplexpraktikums vorgestellt und eine erste Aufgabenpräsentation vorgenommen. Anschließend wird durch das Lehreteam ein Einblick in die Gegebenheiten an einem Universitätsklinikum (speziell dem UKD), in die Kodierung und Dokumentation medizinischer Diagnosen, Laborwerte und weiterer abrechnungsrelevanter Daten, in die zu betrachtende medizinische Erkrankung sowie in die rechtlichen Gegebenheiten im Medizinsektor gegeben. Dabei werden die medizinisch relevanten Elemente durch einen Arzt vermittelt.

In der zweiten Einführungsveranstaltung werden insbesondere technische Inhalte vermittelt, die zur Bearbeitung der Praktikumsaufgabe erforderlich sind. Dieser Überblick wird in den Kontext der Praktikumsaufgabe gesetzt und so die Erwartungen seitens des Lehreteams an die Studierenden konkretisiert. Weiterhin erhalten die Studierenden bereits Angaben zu den Bewertungskriterien, die am Ende des Semesters für die Notenvergabe entscheidend sind (vgl. Anlage 1).

2.2.3.3 Selbststudium Phase 1

In der ersten Phase des Selbststudiums sollen sich die Studierenden mit den Daten vertraut machen und den Übertragungsprozess in das vorgegebene Datenbankschema planen. Zusätzlich soll eine erste medizinische Risikoabschätzung für das zu entwickelnde Programm durchgeführt werden (in Anlehnung an die „Medical Device Regulation" der Europäischen Union, kurz MDR (Verordnung 2017)). Zur Umsetzung der Teilaufgaben in den entstandenen Teams erhalten die Studierenden über die Lernplattform Beschreibungen und Links zu Tools (z. B. Pentaho Data Integration (Roldâan 2013)), Daten im csv-Format (Anlage 3) sowie eine virtuelle Maschine mit einem leeren und einem bereits beispielhaft gefülltem Datenbankschema (Anlage 4).

2.2.3.4 Präsenztermin 2

Im zweiten Präsenztermin sollen erste Zwischenergebnisse hinsichtlich der Überführung von Daten und bezüglich der Risikoabschätzung präsentiert werden. Die dabei entstehenden Fragen sollen zunächst von anderen Teams beantwortet werden. Die Lehrenden greifen dabei nur ein, wenn die Antworten der anderen Teams falsch oder ungenügend sind oder keine weiterführenden Antworten gefunden werden können. Zusätzlich werden durch die Lehrenden ein paar Tipps und Tricks sowohl in technischer als auch in medizinischer Hinsicht an die Studierenden weitergegeben, die das weitere Selbststudium unterstützen. Abschließend werden auch die Arbeitsschritte bis zum nächsten Präsenztermin besprochen.

2.2.3.5 Selbststudium Phase 2

Neben der intensiven Einarbeitung in den Teams sollen erste Implementierungen getätigt und Nutzerbedürfnisse zur Verbesserung der Gebrauchstauglichkeit (im Sinne der MDR) erhoben werden. In dieser Phase ist aufgrund der vielfältigen Aufgaben ein regelmäßiger Kontakt zwischen Lehrenden und Studierenden wichtig. Da auch die Lehrenden Teil der Nutzerbefragung sind, entsteht automatisch ein gewisser Austausch mit den Studierenden. In diesem wird insbesondere das aktive Nachfragen bei Problemen oder Unklarheiten explizit gefordert. Durch ein zu diesem Zeitpunkt bestehendes Vertrauensverhältnis zwischen Lehrenden und Studierenden wird dieser Prozess erleichtert.

2.2.3.6 Präsenztermin 3

Im dritten Präsenztermin sollen nahezu fertiggestellte Ergebnisse präsentiert werden. Dies schließt die Überführung der Daten in das vorgegebene Datenbankschema sowie die Verarbeitung der Daten durch selbstständig implementierte Analysen ein. Zusätzlich soll die Auswertung der Nutzerbefragung vorgestellt werden. Die Ergebnisse werden wie im Präsenztermin 2 diskutiert und letzte Fragen aus medizinischer Sicht beantwortet. Zuletzt wird der Ablauf des abschließenden Kolloquiums besprochen und den Studierenden Vorlagen für den Vortrag (Anhang 5) sowie für die Dokumentation (Anhang 6) mit entsprechenden Erläuterungen zur Verfügung gestellt. Es kann hier besprochen werden, ob bei der Abschlussveranstaltung auch externe ZuhörerInnen teilnehmen können (unter Beachtung des lokalen Prüfungsrechts).

2.2.3.7 Selbststudium Phase 3

In der letzten Phase des Selbststudiums sollen die Studierenden verbleibende Probleme beheben, ihre Dokumentation zum Abschluss bringen und das Kolloquium vorbereiten. Hierbei sind die Lehrenden stets online ansprechbar, halten sich jedoch bewusst mit Hinweisen zurück. So soll es den Studierenden ermöglicht werden, ihre eigene Kreativität, sowie das aus den vorangegangen Präsenzterminen erhaltene Feedback zu nutzen und reflektiert an die zu bearbeitenden letzten Aufgaben heranzugehen.

2.2.3.8 Präsenztermin 4 – Abschlusspräsentation

Die Projektpräsentation samt Fragerunde (Kolloquium) bildet die Abschlussprüfung für das Komplexpraktikum. Dabei entfallen 15 min auf den Vortrag der Studierenden, 5 min auf die Live-Demonstration der Applikation mit einem neuen, eigens für das Kolloquium erstellten Datensatz und 10 min auf die Beantwortung weiterer Fragen (siehe Anhang 5). Die Anwesenheit weiterer TeilnehmerInnen kann dazu dienen, den Wert der im Komplexpraktikum entstanden Anwendungen für die Medizininformatik zu verdeutlichen. Hierbei sollte in jedem Fall die Zustimmung aller Studierenden eingeholt werden und der Einklang mit dem lokalen Prüfungsrecht sichergestellt werden.

2.3 Beispielanwendung

Im initialen Komplexpraktikum sollten die Studierenden basierend auf realistischen medizinischen Daten ein Entscheidungsunterstützungssystem konzipieren, mit dessen Hilfe PatientInnen mit hoher Dekubitus-Wahrscheinlichkeit ermittelt werden. Neben der direkten Übernahme der Inhalte und des Lehrmaterials als Ganzes, können auch einzelne Aspekte für andere Lehrveranstaltungen genutzt werden. Die Möglichkeiten unter Angabe erster Erfahrungen und Verbesserungspotenzialen werden im Folgenden detailliert beschrieben.

2.3.1 Impulsveranstaltungen

Die zwei Impulsveranstaltungen waren zeitlich wie folgt konzipiert (siehe Tab. 2.2, und 2.3) und wurden sehr gut angenommen. Das Feedback der Studierenden deutet jedoch darauf hin, dass speziell die Einführung in das Datenbankschema etwas knapp bemessen war, sodass in weiteren Durchläufen die geplante Zeit erhöht wird. Generell wurden die Impulsveranstaltungen jedoch bei allen Studierenden als sehr hilfreich empfunden, sodass anzuraten ist, einen solchen Teil in das „Flipped Classroom"-Konzept zu integrieren.

2.3.2 Selbstlernphasen und Zwischenpräsentationen

Die Zwischenpräsentationen fanden nach einer 2- und (bedingt durch die Weihnachtszeit) 4-wöchigen Selbststudienzeit statt. Alle Studierendengruppen hatten zu den jeweiligen Terminen die entsprechenden Meilensteine erreicht. Die Präsentationen fanden in professioneller aber entspannter Atmosphäre statt. Die Interaktion zwischen

Tab. 2.2 Zeitplanung der ersten Einführungsveranstaltung

Zeit	Inhalt	Ziel
20 min	Vorstellung der Lehrenden und der Lernenden	Kompetenzen, Erwartungen sondieren; Aufbau einer guten Atmosphäre; Teamfindung
10 min	Grobvorstellung der Praktikumsaufgabe und des Ablaufs des Komplexpraktikums	Einordnung-/Verbindungsmöglichkeit der weiteren Inhalte
30 min	Vorstellung klinischer Systeme und Kodierungsmöglichkeiten	Verständnis für Daten und Probleme im Klinikumfeld
10 min	Vorstellung der Erkrankung	Verständnis für die Aufgabe, Entwicklung erster Ideen
20 min	Einführung in die Thematik Medizinprodukte und ihre Zertifizierung	Verständnis für rechtliche Rahmenbedingungen

Tab. 2.3 Zeitplanung der zweiten Einführungsveranstaltung

Zeit	Inhalt	Ziel
10 min	Einführung in die Struktur der Patientendaten	Verständnis für den Aufbau von Krankenhausabrechnungsdaten
30 min	Einführung in das Datenbankschema	Verständnis für die Harmonisierung von Daten
20 min	Einführung in das ETL-Tool	Verständnis für die Übertragung und Vorverarbeitung medizinischer Daten
10 min	Einführung in Docker	Verständnis für Virtualisierung und Entdeckung von Verteilungsmöglichkeiten
20 min	Detaillierte Vorstellung der Praktikumsaufgabe	Verständnis für die Aufgabe, Wissen über die Erwartungen für die Präsenztermine, Wissen über den Aufbau der Abschlusspräsentation und die Bewertungskriterien

den Gruppen war kollegial und es ergaben sich interessante Diskussionen. In den Selbstlernphasen arbeiteten die Studierenden weitestgehend autark. Es gab wenig aktive Nachfragen. Die Fragen, die gestellt wurden, waren zum Teil erstaunlich detailliert und zeugten von einem tiefen Verständnis der Problematik. Die eingereichten Fragebögen zur Usability waren mitunter auch sehr detailliert und nahmen Bezug auf die vorgestellten Normen. Im Hinblick auf zukünftige Veranstaltungen könnte man hier trotzdem (und insbesondere aufgrund der Qualität der Rückmeldungen) weiter nach Möglichkeiten suchen, die Studierenden zum Erfahrungsaustausch mit den Lehrenden und untereinander zu motivieren.

2.3.3 Medizinische Daten

Die genutzten Daten sind zum Teil unter zu Hilfenahme von realen Verteilungen synthetisch erzeugt worden. Dementsprechend sind die im Praktikum genutzten demografischen, Diagnose- und Prozedurendaten bereits recht realistisch. Lediglich Labor- und Messwerte wurden randomisiert erzeugt. Das Vorgehen der Datensynthese und somit die Daten selbst sind nicht spezifisch für die im Komplexpraktikum betrachtete Erkrankung und daher auch für andere medizinische Anwendungen und Fragestellungen nutzbar. Derzeit wird angestrebt, den Syntheseprozess weiter zu verfeinern und wissenschaftlich zu publizieren. Damit können Einrichtungen mit Zugang zu Patientendaten für sie spezifische synthetische Daten erzeugen.

2.3.4 Datenbank

Zur Harmonisierung der Daten sollte durch die Studierenden eine Überführung der medizinischen Daten in das Observational Medical Outcomes Partnership (OMOP) Common Data Model vorgenommen werden. Das Datenbankmodell, das von dem Konsortium „Observational Health Data Science and Informatics (OHDSI)" entworfen und weiterentwickelt wird, erfreut sich derzeit (speziell in den USA und in Südkorea) großer Beliebtheit und bietet durch die Standardisierung Möglichkeiten zur internationalen Zusammenarbeit (Hripcsak 2015). Dadurch dass sich OHDSI selbst als „open-science Community" auffasst, konnten die Studierenden auf verschiedene Lehrmaterialien in Form von Tutorials (z. B. (Observational Health Data Sciences and Informatics 2020a), Dokumentationen (z. B. (Observational Health Data Sciences and Informatics 2020b), Foren (z. B. (Observational Health Data Sciences and Informatics 2020c) zeit- und ortsunabhängig zugreifen. Nicht nur der große Umfang an unterschiedlichen Lehrmaterialien, sondern auch die wachsende Relevanz des OMOP Common Data Models und der weiten OHDSI-Tools im Kontext der Medizinischen Informatik innerhalb von Deutschland, bedingten die Entscheidung für dieses Datenbankschema. So ist OMOP ein Kernstück von MIRACUM (Medical Informatics in Research and Care in University Medicine 2018), eines der vier durch die Medizininformatik-Initiative geförderten Konsortien und ist Teil der alltäglichen wissenschaftlichen Arbeit des Lehreteams.

Neben dem Datenmodell, können durch Online-Tools wie ATLAS (Observational Health Data Sciences and Informatics 2020) im medizinischen Sektor viele Fragestellungen analysiert bzw. direkt ausgewertet werden (z. B. Erfolgsrate von Medikamenten). Speziell bei epidemiologischen Fragestellungen könnte der Einsatz einer OMOP Datenbank von Vorteil sein, zumal viele (amerikanische) Daten öffentlich zugänglich sind.

Obwohl die Studierenden Wissen und Erfahrung im Bereich der Datenbanken aufwiesen, fiel ihnen der Umgang mit dem OMOP CDM anfänglich schwer; nach intensivem Selbststudium konnten aber alle Gruppen das zur Verfügung gestellte Datenbankschema korrekt befüllen.

2.3.5 ETL-Tool

Für die Befüllung der Datenbank wird ein Extract-Transform-Load-Prozess (ETL-Prozess) benötigt. Hierfür wurde den Studierenden „Pentaho Data Integration" (Hitachi Vantara 2018) als mögliches Tool vorgestellt: Einerseits weil das Lehreteam in seinem Alltag ebenfalls mit diesem Tool arbeitet und somit die Studierenden möglichst gut bei technischen Fragen unterstützen kann. Andererseits muss diese Software nicht käuflich erworben werden. Trotz des Vorschlags von „Pentaho Data Integration", stand es den Studierenden frei, auch andere Tools oder Herangehensweisen zu verwenden. So entschloss sich die eine Hälfte der Studierenden „Pentaho Data Integration" zu nutzen, während die andere Hälfte ein Skript in der Programmiersprache Python programmierte, sodass sie bereits erworbenes Wissen und Programmierkenntnisse einsetzen konnten.

Die unterschiedlichen Ansätze führten alle dazu, dass die Studierenden funktionierende ETL-Prozesse umsetzen konnten.

Obwohl das Lehreteam keine Vorgaben oder Empfehlungen zur Entwicklung der ETL-Prozesse gab, nutzten die Studierenden domänenspezifische Tools zur Softwareentwicklung (z. B. GitHub 2020), um Quellcode zu versionieren, kollaborativ zu bearbeiten und zu speichern.

2.3.6 Prüfung

Das Kolloquium erfolgte am UKD mit weiteren TeilnehmerInnen aus dem Zentrum für Medizinische Informatik. Die Resonanz war auf beiden Seiten (Studierende und externe TeilnehmerInnen) sehr gut, sodass die Veranstaltung perspektivisch zu einer engeren interdisziplinären Zusammenarbeit beitragen könnte. Sowohl die Vorträge als auch die Antworten auf die gestellten Fragen waren von sehr hoher Qualität.

Abb. 2.3 und 2.4 zeigen Screenshots der im Rahmen des Komplexpraktikums Medizinische Informatik an der TU Dresden im Wintersemester 2019/20 entstandenen Applikationen.

2.4 Diskussion und Ausblick

Die Nutzung des „Flipped Classroom"-Konzeptes erweitert um einen Impulsanteil eignet sich sehr für kleinere Studierendengruppen, die in einer interdisziplinären Zusammensetzung ein anwendungsbezogenes Problem lösen sollen. Das dadurch erreichte Verständnis für das Thema und die damit einhergehenden Herausforderungen ist nachhaltig.

Abb. 2.3 Frontend der Prädiktionssoftware „Dekubitus-Risikovorhersage". (Quelle und Copyright: Sina Hillemann, Philipp Czyborra, Fabian Lüders)

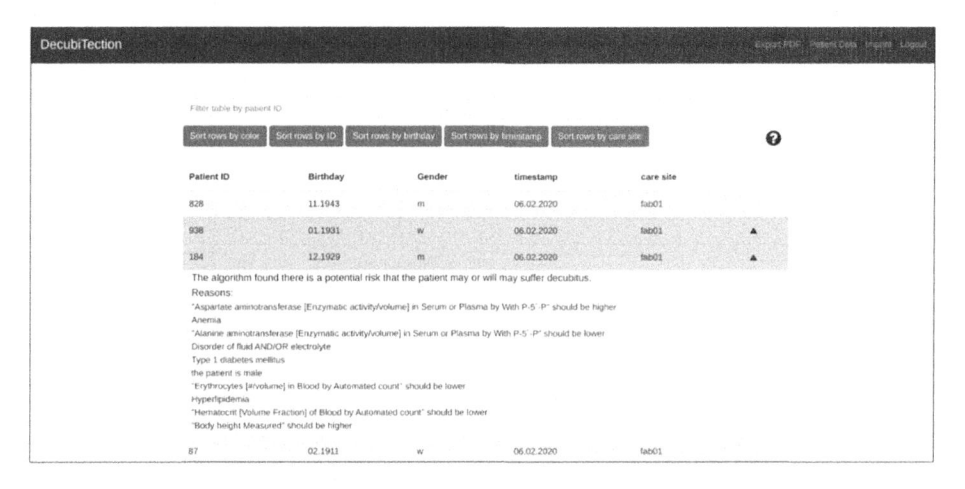

Abb. 2.4 Frontend der Prädiktionssoftware „DecubiTection". (Quelle und copyright: Alexander Jenke und Markus Fritsche)

Die gleichzeitige Beachtung des „Constructive Alignment"-Ansatzes trägt zu einer intrinsischen Motivation und einem qualitativ sehr hohen Lösungsergebnis bei. Dabei ist die Art des Anwendungsszenarios (im vorliegenden Fall eine medizinische Problemstellung) nicht von Bedeutung. Das umfassende Konzept des Komplexpraktikums lässt sich auf sehr viele andere Szenarien transferieren, sofern sie einen Anwendungsbezug haben.

Um die Transferfähigkeit zu eruieren, wird das vorgeschlagene Konzept im Sommersemester 2020 auf zwei Komplexpraktika angewandt, die im direkten Vergleich zueinander einen unterschiedlichen technischen Fokus aufweisen und sich in neuen medizinischen Anwendungsgebieten bewegen. Zum einen wird erneut ein Praktikum für die Entwicklung von Entscheidungsunterstützungssystemen und zum anderen ein Komplexpraktikum für die Umsetzung eines User-Centered Designs zur Entwicklung einer Visualisierungs-App angeboten. Das medizinische Personal zeigt in diesem Zusammenhang sehr großes Interesse und hat bereits neue Anwendungsideen an das Lehreteam herangetragen, sodass im nächsten Semester zwei neue klinische Fragestellungen aus den Bereichen Infektiologie und Kinderchirurgie im Fokus stehen werden. Für beide Komplexpraktika wird das hier definierte Konzept genutzt.

Um die Interdisziplinarität weiter zu erhöhen, ist geplant das Komplexpraktikum ebenfalls im Studium Generale (Technische Universität Dresden 2020) anzubieten und so MedizinstudentInnen zu integrieren. Dies soll dazu beitragen, ein wechselseitiges Verständnis zwischen den Disziplinen Medizin und Informatik zu schaffen und so Studierende zu befähigen, die Digitalisierung in der Medizin voranzutreiben.

Eine weitere Ergänzungsmöglichkeit bestünde im planmäßigen Einsatz einer Versionskontrollumgebung wie GitHub oder GitLab (GitLab 2020) zur Dokumentation des Entwicklungsfortschritts. Diese kollaborativen Tools beinhalten eine Vielzahl der Funktionen der Lernumgebung, sodass diese direkt in den Entwicklungsprozess integriert wäre. Weiterhin könnte den Lehrenden durch die Studierenden direkte Einsicht in den Entwicklungsfortschritt gegeben werden. Eine solch umfangreiche Nutzung dieser Tools erfordert aber auch entsprechende Einarbeitung und Vorbereitung der Infrastruktur, sodass aktuell die Nutzung den Studierenden nicht vorgeschrieben wird.

Anhang

Folgende elektronische Materialien zu diesem Beitrag finden Sie online:

- Anhang 1 (Projektaufgabe)
- Anhang 2 (Bewertungsmatrix)
- Anhang 3 (IneK konforme Daten als csv-Dateien)
- Anhang 4 (Virtuelle Maschine mit einem leeren und einem „SynPuf" – OMOP Datenbankschema)
- Anhang 5 (Vorlage Folien Abschlusspräsentation)
- Anhang 6 (Vorlage Dokumentation).

Literatur

Deutsche Gesellschaft für Medizinische Informatik, Biometrie und Epidemiologie e. V. (GMDS), „Medizinische Informatik", Deutsche Gesellschaft für Medizinische Informatik, Biometrie und Epidemiologie e. V. (GMDS), 05-März-2020. [Online]. Verfügbar unter: https://www.gmds.de/de/aktivitaeten/medizinische-informatik/. [Zugegriffen: 12-März-2020]

GKV-Spitzenverband, „Krankenhäuser - GKV-Datenaustausch", Elektronischer Datenaustausch in der gesetzlichen Krankenkasse, 05-März-2020. [Online]. Verfügbar unter: https://www.gkv-datenaustausch.de/leistungserbringer/krankenhaeuser/krankenhaeuser.jsp. [Zugegriffen: 05-März-2020]

Gesetz über die Entgelte für voll- und teilstationäre Krankenhausleistungen (Krankenhausentgeltgesetz – KHEntgG). 2019

Universitätsklinikum Carl Gustav Carus, „Zentrum für Medizinische Informatik", Zentrum für Medizinische Informatik, 05-März-2020. [Online]. Verfügbar unter: https://www.uniklinikum-dresden.de/de/das-klinikum/universitaetscentren/zentrum-fuer-medizinische-informatik. [Zugegriffen: 05-März-2020]

Lage M, Platt G, Treglia M (2000) Inverting the Classroom: A Gateway to Creating an Inclusive Learning Environment. J. Econ. Educ. 31:30–43. https://doi.org/10.1080/00220480009596759

J. Biggs, „Aligning Teaching for Constructing Learning", High. Educ. Acad., Bd. 1, Nr. 4, 2003

P. McGee und A. Reis, „Blended Course Design: A Synthesis of Best Practices", Online Learn., Bd. 16, Nr. 4, 2012, https://doi.org/10.24059/olj.v16i4.239

Verordnung (EU) 2017/745 des europäischen Parlaments und des Rates vom 5. April 2017 über Medizinprodukte, zur Änderung der Richtlinie 2001/83/EG, der Verordnung (EG) Nr. 178/2002 und der Verordnung (EG) Nr. 1223/2009 und zur Aufhebung der Richtlinien 90/385/EWG und 93/42/EWG des Rates. 2017, S. 175

M. C. Roldâan, Pentaho Data Integration Beginner's Guide, Second Edition. Packt Publishing, 2013

G. Hripcsak u. a., „Observational Health Data Sciences and Informatics (OHDSI): Opportunities for Observational Researchers", Stud. Health Technol. Inform., Bd. 216, S. 574–578, 2015

Observational Health Data Sciences and Informatics (OHDSI), „Video Tutorials", Observational Health Data Sciences and Informatics (OHDSI), 05-März-2020a. [Online]. Verfügbar unter: https://www.ohdsi.org/web/wiki/doku.php?id=videos:overview. [Zugegriffen: 12-März-2020]

Observational Health Data Sciences and Informatics (OHDSI), „OMOP Common Data Model V5.0.1", Observational Health Data Sciences and Informatics (OHDSI), 12-März-2020b. [Online]. Verfügbar unter: https://www.ohdsi.org/web/wiki/doku.php?id=documentation:cdm:common_data_model. [Zugegriffen: 12-März-2020]

Observational Health Data Sciences and Informatics (OHDSI), „OHDSI Forum", OHDSI Forums, 05-März-2020c. [Online]. Verfügbar unter: http://forums.ohdsi.org/. [Zugegriffen: 12-März-2020]

H.-U. Prokosch u. a., „MIRACUM: Medical Informatics in Research and Care in University Medicine", Methods Inf. Med., Bd. 57, Nr. S. 01, S. e82–e91, 2018, https://doi.org/10.3414/me17-02-0025

Observational Health Data Sciences and Informatics (OHDSI), „ATLAS – A unified interface for the OHDSI tools", Observational Health Data Sciences and Informatics (OHDSI), 12-März-2020. [Online]. Verfügbar unter: https://www.ohdsi.org/atlas-a-unified-interface-for-the-ohdsi-tools/. [Zugegriffen: 12-März-2020]

Hitachi Vantara, „Pentaho Data Integration", Pentaho Documentation, 10-Okt-2018. [Online]. Verfügbar unter: https://help.pentaho.com/Documentation/8.2/Products/Data_Integration. [Zugegriffen: 12-März-2020]

GitHub, „Build software better, together", GitHub, 05-März-2020. [Online]. Verfügbar unter: https://github.com. [Zugegriffen: 12-März-2020]

Technische Universität Dresden, „Studium Generale", Technische Universität Dresden, 05-März-2020. [Online]. Verfügbar unter: https://tu-dresden.de/studium/im-studium/studienorganisation/lehrangebot/studium-generale. [Zugegriffen: 05-März-2020]

GitLab, 14-März-2020. [Online]. Verfügbar unter: https://about.gitlab.com. [Zugegriffen: 14-März-2020]

Herr Herbinger hat ein Herzproblem

Mit praxisorientiertem E-Learning Statistical Literacy in der Medizin fördern

Ursula Berger und Michaela Coenen

3.1 Einleitung

Mit der Ausbreitung der Covid-19 Pandemie im Jahr 2020 waren plötzlich traditionelle Lehrkonzepte an Universitäten erst einmal nicht mehr durchführbar. Präsenzveranstaltungen und klassische Vorlesungen waren von einem Tag auf den nächsten an den meisten Universitäten untersagt, und Dozentinnen und Dozenten mussten sich innerhalb kürzester Zeit auf digitale Lehrformen umstellen. Dass dennoch vielerorts ein erfolgreiches Semester durchgeführt werden konnte, beweist, wie weit digitale Lehre an den Universitäten bereits entwickelt war bzw. wie schnell digitale Konzepte umgesetzt werden konnten. Die Dozentinnen und Dozenten aber auch die Studierenden konnten in diesem „digitalen Semester" erfahren, welche Vorteile digitale Lehre mit sich bringt, ohne dabei notwendiger Weise in allen Punkten der klassischen Präsenzlehre überlegen zu sein. Rückblickend lassen sich aus der Situation, die einem natürlichen Experiment gleicht, Lehrformen neu bewerten, wenn das „digitale Semester" den vorhergehenden „traditionellen Semestern" gegenübergestellt wird. Dieser Vergleich motiviert, stärker in Richtung "blended learning" zu denken, in dem unterschiedliche Lehrkonzepte gemischt zum Einsatz kommen. Und so ist zu erwarten, dass zukünftig digitale Lehrkomponenten und E-Learning als wichtige Bausteine in der universitären Ausbildung an Bedeutung gewinnen werden.

U. Berger (✉) · M. Coenen
Institut für medizinische Informationsverarbeitung, Biometrie und Epidemiologie (IBE), Ludwig-Maximilians-Universität München, München, Deutschland
E-Mail: berger@ibe.med.uni-muenchen.de

M. Coenen
E-Mail: coenen@ibe.med.uni-muenchen.de

© Der/die Herausgeber bzw. der/die Autor(en), exklusiv lizenziert durch Springer-Verlag GmbH, DE, ein Teil von Springer Nature 2021
C. Herrmann et al. (Hrsg.), *Zeig mir Health Data Science!*,
https://doi.org/10.1007/978-3-662-62193-6_3

Mit diesem neuen Blick stellt sich die Frage, wie digitale Lehrkomponenten konzipiert sein sollten, um in „blended learning"-Einheiten die Präsenzlehre effektiv zu ergänzen. In diesem Beitrag wird das E-Learning Tool epiLEARNER als eine mögliche Komponente eines „blended learning"-Ansatzes für Health Data Science und Biostatistik im Medizinstudium vorgestellt. Dieses E-Learning Tool ergänzt die Kurse des Querschnittsfachs Q1 (Medizinische Informatik, Biometrie, Epidemiologie) des Studiums der Humanmedizin der Ludwig-Maximilians-Universität (LMU) München mit dem Ziel, die „Statistical Literacy" von Medizinstudierenden noch besser zu fördern.

„Statistical Literacy", d. h. die Kompetenz im Umgang mit Daten, wird heute im ärztlichen Berufsleben vorausgesetzt. Um eine Patientenversorgung auf dem aktuellen Stand der medizinischen Wissenschaft zu gewährleisten und evidenzbasierte Entscheidungen zu treffen, müssen praktizierende Ärztinnen und Ärzte die Ergebnisse aktueller medizinischer Studien verstehen und interpretieren. Dazu benötigen sie ein Grundverständnis an Data Science sowie an den in der empirischen medizinischen Forschung gängigsten Methoden der Datenanalyse. Auch für die Einschätzung und Kommunikation von Risiken und Nutzen und die Entscheidungsfindung mit Patientinnen und Patienten ist eine fundierte „Statistical Literacy" wesentlich (Gigerenzer et al. 2007; Wegwarth und Gigerenzer 2018). Medizinstudierende verkennen jedoch oftmals die Relevanz für das spätere ärztliche Berufsleben. Praxisnahe Fallbeispiele können helfen, Lernenden die Bedeutung eines Faches im Berufsalltag aufzuzeigen und seine Anwendung zu veranschaulichen und zu üben. Sie fördern darüber hinaus die Kompetenz, Konzepte auf neue Probleme zu transferieren und erhöhen so das intrinsische Interesse an der Thematik (Dunne und Brooks 2004). In der Lehre der Humanmedizin sind reale oder realitätsnahe Fallbeispiele zu Krankheitsbildern von Patientinnen und Patienten fest verankert, damit Medizinstudierende theoretisches Wissen in einer realistischen Situation studieren, anwenden und testen können. In der Lehre von Epidemiologie und Biostatistik für Medizinerinnen und Medizinern trifft dies bisher eher nicht zu. Fallbeispiele aus dem ärztlichen Berufsalltag mit konkreten Patientengeschichten zur Veranschaulichung der Anwendung von biostatistischen und epidemiologischen Methoden sind weitestgehend fremd und in Präsenzveranstaltungen des Querschnittsfachs Q1 (Medizinische Informatik, Biometrie, Epidemiologie) schon allein aufgrund von logistischen, zeitlichen und personellen Ressourcen kaum umzusetzen. So kann das vermittelte Wissen nicht an praxisnahen Beispielen angewandt und geübt werden, und den Medizinstudierenden bleibt der Bezug der Themen zum späteren Arztberuf unklar. Hier können digitale Lehrkomponenten einen neuen Weg der Wissens- und Kompetenzvermittlung aufzeigen.

Das E-Learning Tool epiLEARNER wurde am Institut für Medizinische Informationsverarbeitung, Biometrie und Epidemiologie (IBE) der Ludwig-Maximilians-Universität München (LMU) entwickelt, um Medizinstudierenden die Relevanz von Health Data Science im Berufsalltag praktizierender Ärztinnen und Ärzte aufzuzeigen. Es ist eine praxisorientierte, modular aufgebaute Lern- und Übungsplattform, die den Einsatz von Theorie und Methoden aus Health Data Science an konkreten, praktischen Patienten-Beispielen aus dem klinischen Alltag demonstriert und es Medizinstudierenden ermöglicht, die Anwendung ihrer erworbenen Kenntnisse damit zu üben und zu vertiefen. Das E-Learning Tool ist frei zugänglich und seine Inhalte beziehen sich auf die Lernziele des Querschnittsfachs Q1 der Humanmedizin, sodass es auch von Studierenden anderer Universitäten genutzt werden kann. Die Benutzung kann asynchron erfolgen, sodass selbstbestimmt zum individuellen Zeitpunkt, im individuellen Tempo und in individueller Tiefe gelernt werden kann. Für Studierende der Humanmedizin ist ein solches, die Kurse begleitendes E-Learning Tool von besonderem Vorteil. Oft liegt zwischen den Präsenzkursen und dem Bedarf des Wissens, etwa für eine Prüfung, das Staatsexamen oder der Anwendung in eigenen Forschungsarbeiten, eine lange Zeitspanne, in der bisher Erlerntes wieder vergessen wird. Das E-Learning Tool erlaubt es den Studierenden, sich unkompliziert und ort- und zeit-unabhängig mit dem Stoff auseinanderzusetzen, diesen aufzufrischen und Kenntnisse zu vertiefen. Sachverhalte, die auf Anhieb nicht verstanden wurden, können beliebig oft wiederholt werden.

Die Verzahnung zwischen der traditionellen Präsenzlehre und E-Learning Tools bietet auch für Dozentinnen und Dozenten Vorteile. Ihnen stehen mit den im epiLEARNER enthaltenen praxisnahen Fallbeispielen auch praktische Anwendungsbeispiele von biostatistischen und epidemiologischen Methoden zur Verfügung. Diese können gezielt in die bestehende Präsenzlehre integriert werden, sodass zwischen Präsenzlehre und E-Learning ein echter „Blend" entsteht.

3.2 Methodik und Struktur des epiLEARNER

Der epiLEARNER wurde modular konzipiert und setzt sich aus drei Kernelementen zusammen, wie in Abb. 3.1 dargestellt:

1. Interaktive, praxisorientierte Fallbeispiele mit Quiz zur konkreten Anwendung biostatistischer und epidemiologischer Methoden in der Medizin
2. Übersichtliche Zusammenfassung der Theorie zur Wiederholung und Vertiefung von Lerninhalten der Präsenzveranstaltungen
3. Multiple-Choice-Fragen im Klausurformat zur Verständniskontrolle und Prüfungsvorbereitung.

Abb. 3.1 Die drei Kernelemente des E-Learning Tools epiLEARNER

In diesen drei Kernelementen werden die unterschiedlichen, im Curriculum verankerten Themenschwerpunkte der Kurse zu Biostatistik und Epidemiologie des Studiums der Humanmedizin in unterschiedlicher Weise behandelt, sodass Studierende je nach Intention und Lerntyp den passenden Zugang zum jeweiligen Themenbereich wählen können: Studierende, die mehr über die Anwendung von Biostatistik und Epidemiologie in der Patientenversorgung erfahren möchten, können über die Bearbeitung der Fallbeispiele einen tiefergehenden Einblick erlangen. Für eine gezielte Vorbereitung auf eine Prüfung können die nach Themen sortierten Multiple-Choice-Fragen im Klausurformat bearbeitet werden. Bei Unsicherheiten zu einer konkreten statistisch-epidemiologischen Frage kann das entsprechende Thema im Theorieteil nachgelesen werden.

Alle Elemente des epiLEARNER können unabhängig voneinander genutzt werden. „Links" innerhalb der verschiedenen Themenschwerpunkte vernetzen die drei Kernelemente und erlauben den Nutzerinnen und Nutzern zwischen Fallbeispielen, Theorie und Multiple-Choice-Fragen flexibel zu wechseln. Ergänzt werden die Kernelemente durch ein integriertes Glossar mit den wichtigsten statistischen und epidemiologischen Grundbegriffen und Kennzahlen, in dem eine schnelle und zielgerichtete Suche leicht durchführbar ist.

3.2.1 Interaktive Fallbeispiele

Das zentrale Kernelement des epiLEARNER bilden die Fallbeispiele zu unterschiedlichen Themenschwerpunkten. Den Rahmen eines Fallbeispiels bildet eine konkrete Situation aus der klinischen Routine und Patientenversorgung, die es erlaubt, die Bedeutung von Data Science im medizinischen Alltag zu motivieren, indem sie die Anwendung von biostatistischen Verfahren demonstriert oder die Interpretation von statistischen Kennziffern veranschaulicht. Die Fallbeispiele können zum Beispiel die Geschichte eines fiktiven Patienten erzählen und mit einem Arzt-Patientengespräch in einer Praxis beginnen. Die Anwenderinnen und Anwender erfahren aus diesem Gespräch dann die ersten medizinischen und nicht-medizinischen Informationen zum Fall, wie zum Beispiel den Grund des Arztbesuches, Symptome und Beschwerden und eventuell persönlicher Hintergrund und Risikofaktoren der Patientin bzw. des Patienten. Um nun in diesem Fall evidenzbasiert eine ärztliche Entscheidung zu treffen, werden Ergebnisse von Studien präsentiert und auf das konkrete Beispiel bezogen. Diese sind zum Teil auch fiktiv oder zumindest stark vereinfacht und auf den Fall angepasst, aber grundsätzlich realitätsnah. Die in den Studien verwendeten biostatistischen Analysemethoden werden dann näher betrachtet und erklärt. Darüber hinaus wird diskutiert, wie die Ergebnisse interpretiert und kommuniziert werden können. Dabei werden die entsprechenden Lernziele des statistisch-epidemiologischen Themas behandelt.

In anderen Fallbeispielen ist auch die Durchführung eines medizinischen diagnostischen Tests zur Abklärung einer Krankheit bei einer Patientin mit entsprechenden Symptomen beschrieben, dessen Ergebnis korrekt interpretiert und kommuniziert werden muss. Dazu werden die Gütekriterien des diagnostischen Tests, die Sensitivität und Spezifität, betrachtet und der positive prädiktive Wert (PPW) bzw. der negative prädiktive Wert (NPW) bestimmt und interpretiert.

Weitere Fallbeispiele schildern eine Fachdiskussion zwischen Ärztinnen und Ärzten, etwa zur Wirksamkeit einer Therapie oder zu Nebenwirkungen eines Medikaments und führen so in die Anwendung biostatistischer und epidemiologischer Methoden ein. Als Basis für die Erstellung von Fallbeispielen dienen in der Regel wissenschaftliche Publikationen aus praxisnahen medizinischen Fachzeitschriften wie zum Beispiel dem Deutschen Ärzteblatt. Alternativ können auch aktuelle medizinische Themen aus Tageszeitungen oder aus populärwissenschaftlichen Gesundheitsmagazinen (z. B. Apotheken Umschau) aufgegriffen und mit entsprechender Fachliteratur kombiniert werden, um ansprechende Geschichten aus dem ärztlichen Berufsalltag zu generieren.

Die Fallbeispiele sind interaktiv gestaltet und schließen Quiz und Aufgaben ein, die von den Anwenderinnen und Anwendern fordern, selbst aktiv zu werden und die Anwendung ihrer erworbenen Kenntnisse an dem konkreten Fall zu üben. So wird zum Beispiel gefragt, statistische Maßzahlen zu berechnen, publizierte Ergebnisse oder Grafiken zu interpretieren oder die Ergebnisse eines diagnostischen Tests zu kommunizieren. Die Quizfragen sind nicht allein auf statistisch-methodische Inhalte beschränkt, sondern können auch medizinische Fragen beinhalten, die den Bezug zum Fach weiter verdeutlichen. Die Formate der Quiz sind dabei so vielseitig wie ihre Inhalte. Alle interaktiven Quiz bieten unmittelbar nach dem Beantworten ein Feedback, ob die richtige Lösung gegeben wurde und detaillierte Erläuterungen zum Inhalt des Quiz. Diese Erläuterungen begründen nicht nur die richtigen Antworten, sondern diskutieren gegebenenfalls auch mögliche falsche Antworten. So kann die Anwenderin beziehungsweise der Anwender Wissenslücken und Denkfehler detektieren und direkt aufarbeiten. Die einzelnen Fallbeispiele sind als kurze E-Learning-Einheiten von etwa zehn bis fünfzehn-minütiger Dauer konzipiert und enthalten etwa fünf bis acht Quiz. Am Ende eines Fallbeispiels wird die Patientengeschichte aufgelöst. Abschließend wird die darin enthaltene Theorie zu den biostatistischen Methoden prägnant und übersichtlich zusammengefasst.

Die Fallbeispiele sind den einzelnen Themenbereichen, die in den Kursen zu Epidemiologie und Biostatistik behandelt werden, zugeordnet, sodass sie gezielt aufgerufen und bearbeitet werden können. Sie werden durch die Komponente mit Multiple-Choice-Fragen im Klausurformat und den Theorieteilen ergänzt, die über Links direkt aufgerufen werden können.

3.2.2 Theorieteil

Das Kernelement „Theorie" bildet die Themenbereiche zu Epidemiologie und Biostatistik für das Studium der Humanmedizin ab und enthält thematisch gegliedert eine auf das Wesentliche reduzierte Zusammenfassung von grundlegenden Theorien und Konzepten. Dieser Teil des epiLEARNER basiert auf den Inhalten der Präsenzveranstaltungen zu Epidemiologie und Biostatistik im Medizincurriculum der LMU München. Er kann damit auch als digitales „Skript" zu den Kursen genutzt werden. Bei der Erstellung des Theorieteils wurde darauf geachtet, die Inhalte möglichst leicht verständlich und für Medizinerinnen und Mediziner zugänglich darzustellen. Wo immer möglich wird auf komplexe Darstellungen durch Formeln verzichtet. Infobuttons („Spickzettel") ergänzen die Zusammenfassungen im Theorieteil. Sie liefern bei Bedarf zusätzliche vertiefende Informationen und verweisen auf weiterführende Abschnitte. Durch die Verlinkung zwischen den Fallbeispielen, Multiple-Choice-Fragen und dem Theorieteil, kann dieser zum schnellen Nachschlagen einzelner Themen genutzt werden.

3.2.3 Multiple-Choice-Fragen im Klausurformat

Um die hohe Lernlast und Stoffdichte sowie die zahlreichen Prüfungen im Medizinstudium zu bewältigen, ist es für Medizinstudierende erforderlich, dass sie effizient und gezielt lernen. Hier setzt das Kernelement des epiLEARNER mit der thematisch sortierten Sammlung an Multiple-Choice-Fragen an. Die Fragen sind im Klausurformat verfasst und beinhalten Fragentypen, wie sie im Staatsexamen üblich sind. Zu jedem Themenbereich stehen ein oder mehrere Blöcke von jeweils etwa 10 Fragen zur Verfügung. Die Reihenfolge der Antwortmöglichkeiten zu einer Frage wird bei einem erneuten Aufruf neu sortiert, sodass die richtige Antwort inhaltlich gelernt werden muss. Nach Beantwortung einer Frage gibt eine Infobox unmittelbar Rückmeldung, ob die Frage richtig beantwortet wurde. Am Ende eines Fragenblocks können die eigenen Antworten mit den richtigen Lösungen verglichen werden. Wird eine Sitzung unterbrochen und z. B. in das Kernelement Theorie gewechselt oder der epiLEARNER abgebrochen, kann später die Bearbeitung des Fragenblocks an der gleichen Stelle fortgesetzt werden.

3.2.4 Implementierung

Zur Implementierung des epiLEARNER wurde das Content Management Programm Storyline 3 (Articulate Global, Inc.) verwendet, das einen HTML-5 Code erzeugt. Dazu werden zunächst die Inhalte in Powerpoint-Folien zusammengestellt und anschließend in Storyline 3 eingelesen und bearbeitet. Storyline 3 ist ein besonders reichhaltiges Tool und erlaubt insbesondere auch die Implementierung von Querverweisen, die z. B. ein spontanes Wechseln zwischen unterschiedlichen Moduleinheiten (Fallbeispielen, Theorie, Multiple-Choice-Fragen und Glossar) ermöglichen. Die mit Storyline 3 erzeugten HTML-5 Codes können dann von dieser Software unabhängig in einem Web-Browser genutzt werden. Der epiLEARNER ist über PC, Laptop, Tablet als auch am Smartphone nutzbar.

3.2.5 Verfügbarkeit

Der epiLEARNER ist über die Internetseite www.epilearner.de frei verfügbar und anonym nutzbar und bedarf weder einer Anmeldung noch eines Accounts. Der Gedanke dahinter ist, jegliche Barrieren beim Zugang zu statistischen und epidemiologischen Lerninhalten so gering wie möglich zu halten. Das E-Learning Tool kann damit auch nach dem Studium genutzt werden, etwa wenn eine praktizierende Ärztin oder ein praktizierender Arzt eine spezielle Methode oder biostatistische bzw. epidemiologische Maßzahl nachschlagen möchte. Aus dieser offenen Verfügbarkeit folgt auch, dass keine personenbezogenen Daten erhoben werden und die Nutzung und Leistung einer Anwenderin oder eines Anwenders nicht nachverfolgt werden kann. Der mögliche Nachteil daran ist, dass ein solches E-Learning Tool nicht als eigenständiger Online-Kurs fungieren kann, da Dozentinnen und Dozenten damit den Lernstand von einzelnen Studierenden nicht prüfen können. Es kann aber als digitale Komponenten in einen Kurs im „blended learning" Format eingebunden werden.

3.3 Beispielanwendung

Im Folgenden wird beispielhaft das Fallbeispiel zum Thema „Überlebenszeitanalysen" dargestellt. Ziel des Fallbeispiels ist es, Kaplan-Meier Kurven als Schätzung von Überlebenskurven unterschiedlicher Kollektive und den Log-Rank Test zum Vergleich von Überlebenskurven einzuführen und zu interpretieren.

Das Fallbeispiel beginnt mit der Beschreibung eines einführenden Arzt-Patienten-Gesprächs, wie es bei der Aufnahme in eine Rehabilitationseinrichtung stattfinden könnte (Abb. 3.2). Die Anwenderin bzw. der Anwender hat dabei die Rolle des behandelnden Arztes inne. Der Patient Herr Herbinger wird zunächst kurz vorgestellt und seine Krankheit, eine Herzinsuffizienz, genannt. Über einen Info-Button kann eine Erklärung zu dem medizinischen Fachbegriff abgerufen werden. Um die Fallbeispiele ansprechend zu gestalten, wurden sie mit Fotos illustriert, die online bei Bildagenturen (z. B. Adobe Stock) erworben wurden. Sie geben dem Patienten ein Gesicht, das mit der Geschichte verbunden werden kann.

Anschließend wird die medizinische Fragestellung formuliert. Diese wird zunächst in den Worten des Patienten gegeben und dann in medizinische Fakten übersetzt. Im konkreten Fallbeispiel hinterfragt der Patient die Notwendigkeit der Einnahme der ihm verordneten Medikamente. Der Arzt betrachtet daraufhin den Medikamentenplan und berät sich mit einem erfahrenen Kollegen. Um die Frage nach der Notwendigkeit der unterschiedlichen Medikamente für diesen Patienten zu beantworten, werden Kaplan-Meier Plots herangezogen, die das Überleben bei unterschiedlichen Medikamentenkombinationen darstellen. Grundlage für die Plots bilden Ergebnisse einer Publikation aus einer Fachzeitschrift, die in dem Fall angegeben wird. Im ersten Quiz wird zunächst

Abb. 3.2 epiLEARNER: Einführung in ein Fallbeispiel über die Patientengeschichte mit fallbezogenem Foto

nach der Analysemethode (Kaplan-Meier Schätzung) gefragt. In einem kurzen Exkurs in die Theorie werden dann Kaplan-Meier Plots erklärt, um diese interpretieren zu können. Im darauffolgenden zweiten Quiz soll dann die mediane Überlebenszeit für eine Beispielskurve ermittelt werden (Abb. 3.3). Über einen Info-Button kann hier nochmal die Definition der medianen Überlebenszeit abgerufen werden. Da es nicht möglich ist, aus der Grafik die tatsächliche mediane Überlebenszeit exakt abzulesen, wurde das Quiz so implementiert, dass alle Lösungen, die in einem akzeptablen Bereich um die tatsächliche mediane Überlebenszeit liegen, als korrekt gewertet werden. Nach Absenden der Antwort wird automatisch eine Rückmeldung gegeben, ob diese richtig war. Bei einer falschen Antwort kann diese noch einmal korrigiert werden, bevor ein Expertenkommentar aufgerufen werden kann, der eine Erläuterung zum Quiz enthält (Abb. 3.4). Im nächsten Quiz sollen dann die Kenntnisse über die mediane Überlebenszeit zur Interpretation der Ergebnisse der medizinischen Publikation angewendet werden. Anschließend wird untersucht, ob der Unterschied zwischen den Überlebenskurven

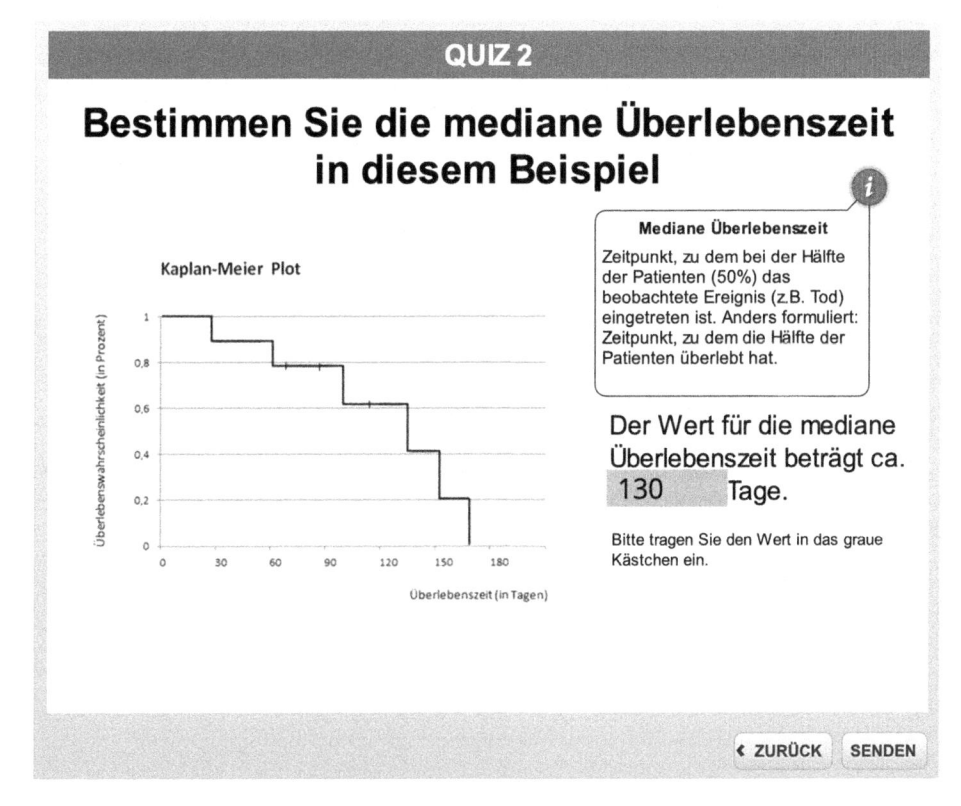

Abb. 3.3 epiLEARNER: Interaktives Quiz zur Interpretation einer Kaplan-Meier Kurve mit Info-Button

statistisch signifikant ist und dazu der Log-Rank Test eingeführt. Wieder wird zunächst die Interpretation an einem Beispiel geprüft (Quiz 4, Abb. 3.5) und dann auf die Studiensituation übertragen (Quiz 5). Dabei wird darauf hingewiesen, dass die gezeigten Daten teilweise für den Fall angepasst wurden. Im letzten Quiz (Quiz 6) wird aus den Ergebnissen eine Schlussfolgerung hinsichtlich der Medikamentengabe gezogen. Schließlich wird das Fallbeispiel mit der Ableitung einer Therapieempfehlung für den geschilderten Fall aufgelöst.

Nach dem letzten Quiz (Quiz 7) und dem Abschluss des Patientenfalls wird die statistische Methode unter „Das wichtigste in Kürze" nochmal auf drei Seiten zusammengefasst (Abb. 3.6). Abschließend werden Links zur Vertiefung des Themas auf Theoriefolien oder zu passenden Multiple-Choice-Fragen angeboten. Über entsprechende Buttons besteht die Möglichkeit, ein direktes Feedback an das Entwicklerteam per Email zu senden oder auf die Hauptseite zurückzukehren.

Expertenkommentar

Kommentar zu QUIZ 2

- Die mediane Überlebenszeit ist der Zeitpunkt, **zu dem bei der Hälfte der Patienten (50%)** das beobachtete Ereignis eingetreten ist.
- Zum Zeitpunkt, zu dem die Hälfte der Patienten noch lebt, beträgt die **Überlebenswahrscheinlichkeit 50%.**
- Daher kann die mediane Überlebenszeit bestimmt werden, indem die Überlebenszeit (Wert auf der x-Achse) zum Zeitpunkt zu dem die Überlebenswahrscheinlichkeit 50% beträgt, abgelesen wird.

Lösung Quiz
Die mediane Überlebenszeit beträgt hier also ca. 135 Tage.

Abb. 3.4 epiLEARNER: Expertenkommentar zur Erläuterung des Quiz mit Lösung

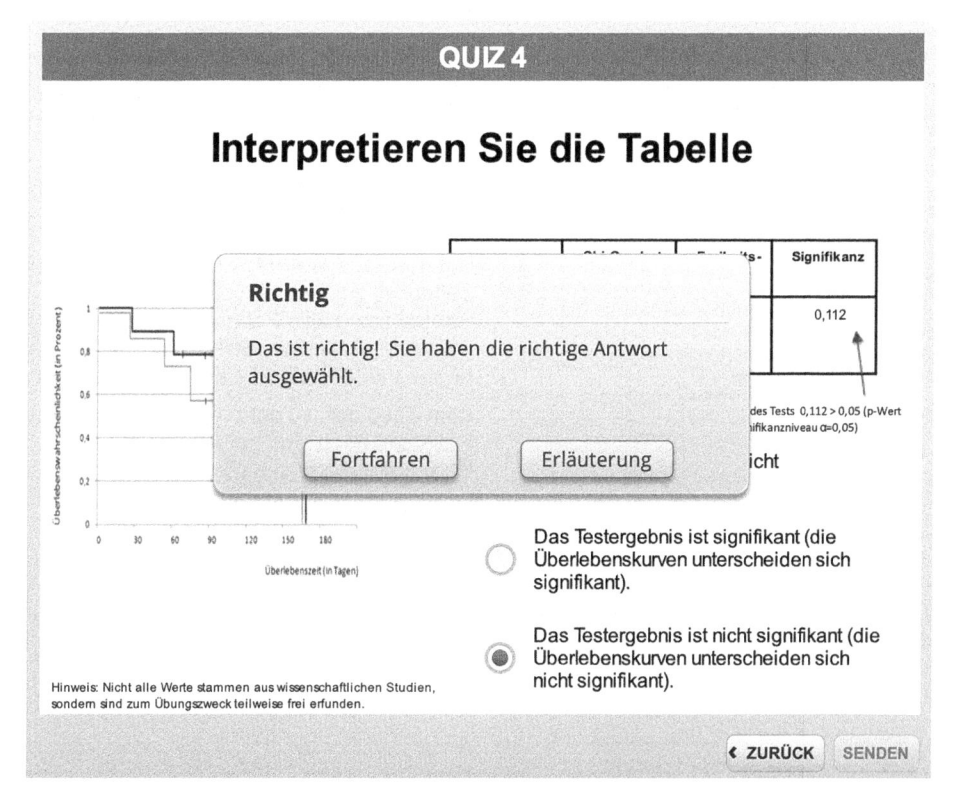

Abb. 3.5 epiLEARNER: Quiz zur Interpretation des Log-Rank Test mit Feedback zur Antwort

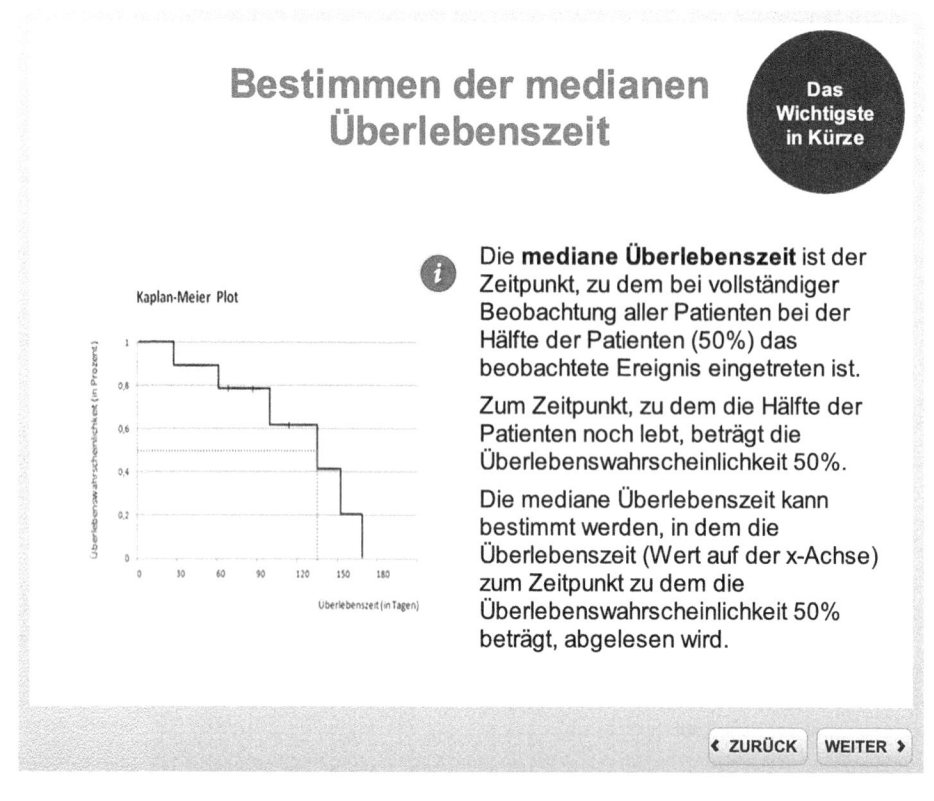

Abb. 3.6 Das Wichtigste in Kürze: Zusammenfassung zu einem Lerninhalt eines Fallbeispiels im epiLEARNER

3.4 Diskussion und Ausblick

Der epiLEARNER hat seine Feuerprobe bestanden. Angaben einer aktuellen Evaluation zufolge wird der epiLEARNER bereits von Dreiviertel der Medizinstudierenden der LMU München zur Vorbereitung auf die Klausur der Epidemiologie- und Biostatistik-Kurse genutzt. Dies zeigt, dass der epiLEARNER von der Zielgruppe angenommen wird. Dies ist sicherlich auch dem einfachen Zugang über die Internetseite www.epilearner.de zuzuschreiben. Anfängliche Rückmeldungen von Nutzerinnen und Nutzern sowie Feedback von Dozierenden wurden in der weiteren Entwicklung berücksichtigt und die aktuelle Version hat eine einsatzfähige Reife erreicht. Das Tool wird kontinuierlich auf Basis von Feedback von Studierenden und Dozierenden weiterentwickelt und ergänzt.

Der Ausbau des Systems und die Einbindung des E-Learning Tools in die Präsenzlehre wird weiterverfolgt. Durch die Erfahrungen im Bereich digitaler Lehre bedingt durch Covid-19 im Sommersemester 2020 sehen wir hier weiteres Potenzial. Dies gilt insbesondere für das anfangs angesprochene „blended learning" Format, da durch die Verzahnung von Fallbeispielen mit Methodik der epiLEARNER in Kursen zur Einführungen in die Methoden und Verfahren der Biostatistik und Epidemiologie sowohl mit seinen praktischen Fallbeispielen als auch über das digitale Skript des Theorieteils zum Einsatz kommen kann.

Das E-Learning Tool wurde zunächst für die Medizinstudierenden der LMU München entwickelt, kann aber durch die freie Verfügbarkeit auch von Studierenden der Humanmedizin anderer Universitäten im deutschsprachigen Raum genutzt werden. Auch eine Erweiterung für Studierende anderer Fachrichtungen – vornehmlich mit gesundheitswissenschaftlicher Ausrichtung – ist denkbar.

Danksagung Das E-Learning Tool epiLEARNER wurde durch die LMU München im Rahmen von „Lehre@LMU" gefördert und am Institut für Medizinische Informationsverarbeitung, Biometrie und Epidemiologie (IBE) implementiert. Wir danken allen beteiligten Kolleginnen und Kollegen für die Unterstützung bei der Planung und Umsetzung des E-Learning Projektes: Dr. Sandra Kus, Dr. med. Patricia Hinske, Prof. Dr. Ulrich Mansmann, Prof. Dr. Katja Radon, PD Dr. Carla Sabariego und Dr. med. Ulla Schlipköter. Unser besonderer Dank geht an die Studierenden der Medizinischen Fakultät der LMU München, die durch ihren Einsatz und ihre Kreativität den epiLEARNER möglich gemacht haben: Stefan Buchka, Francesco Foppiano, Thomas Lang, Bella Mittermeier, Katharina Ricci, Felicitas Schmidt, Anika Schöttle und Helene Wehrl. Den Dozierenden danken wir für die Bereitstellung ihres Materials und ihr offenes Feedback.

Literatur

Gigerenzer G, Gaissmaier W, Kurz-Milcke E, Schwartz LM, Woloshin S (2007) Helping doctors and patients make sense of health statistics. Psychol Sci Public Int 8(2):53–96. https://doi.org/10.1111/j.1539-6053.2008.00033.x

Wegwarth O, Gigerenzer G (2018) The barrier to informed choice in cancer screening: statistical Illiteracy in physicians and patients. Recent Results Cancer Res 210:207–221. https://doi.org/10.1007/978-3-319-64310-6_13

Dunne D, Brooks K (2004) Teaching with cases. Soc Teach Learn High Educ, Halifax, NS. ISBN 0-7703-8924-4

Storyline 3 (2020) https://articulate.com/p/storyline-3, Zugegriffen: 15. Apr. 2020.

Der richtige Mix macht's

Deskriptive Statistik im Blended-Learning Format unterrichten

Iris Burkholder

4.1 Einleitung

In nahezu jedem Studiengang werden statistische Inhalte gelehrt. Dabei wird die Lehre in statistischen Fächern stark beeinflusst von Ängsten der Lernenden vor Formelsprache, unzureichenden Vorkenntnissen und mangelndem Selbstvertrauen. Dies gilt insbesondere für Studierende in den Gesundheitswissenschaften oder der Medizin, da für diese Statistik eine Hilfswissenschaft darstellt. Vor diesem Hintergrund erfolgt das Lernen meist nur für eine Klausur, ein nachhaltiges Lernen findet oftmals nicht statt.

In diesem Artikel wird ein Blended-Learning Konzept für das Modul „Deskriptive Statistik" vorgestellt, das den Lehr-Lernprozess optimieren soll unter Berücksichtigung der Situation der Lernenden auf der einen Seite und den besonderen Herausforderungen der Lehrenden im statistischen Bereich auf der anderen Seite.

Elektronisches Zusatzmaterial Die elektronische Version dieses Kapitels enthält Zusatzmaterial, das berechtigten Benutzern zur Verfügung steht https://doi.org/10.1007/978-3-662-62193-6_4.

I. Burkholder (✉)
Department Gesundheit und Pflege, Hochschule für Wirtschaft und Technik des Saarlandes, Saarbrücken, Deutschland
E-Mail: iris.burkholder@htwsaar.de

© Der/die Herausgeber bzw. der/die Autor(en), exklusiv lizenziert durch Springer-Verlag GmbH, DE, ein Teil von Springer Nature 2021
C. Herrmann et al. (Hrsg.), *Zeig mir Health Data Science!*,
https://doi.org/10.1007/978-3-662-62193-6_4

4.2 Methodik

Unter Blended-Learning wird die Ergänzung von Lernprozessen durch digitale Medien verstanden (Arnold et al. 2018, S. 23). Dabei sollen virtuelle Phasen nicht einfach als Ersatz der Präsenzphasen gesehen werden. Vielmehr sollen eLearning Elemente didaktisch begründet in die Präsenzlehre integriert werden und den Lehr-Lernkontext berücksichtigen. Durch die Verzahnung von Präsenz- und Distanzelementen sollen die Vor- und Nachteile der einzelnen Lernszenarien genutzt bzw. vermieden werden (Arnold et al. 2018, S. 143). Obwohl die Integration von Blended-Learning in Bildungsprozesse bereits seit der Jahrtausendwende diskutiert wird (Arnold et al. 2018, S. 142), zeigen Befragungen aus dem Jahr 2017, dass nur 18 % der Lehrenden an deutschen Hochschulen häufig Blended-Learning Formate einsetzen (MMB-Institut für Medien- und Kompetenzforschung 2017).

Für die Lehrenden verschiebt sich mit dem Blended-Learning Konzept der Aufgabenschwerpunkt von der reinen Wissensvermittlung aus den Präsenzveranstaltungen hin zum kooperativen Prozess zwischen Lehrenden und Lernenden (Arnold et al. 2018, S. 266). Der Lehrende soll als Lernbegleiter fungieren, der die Studierenden fachlich und pädagogisch unterstützt (Arnold et al. 2018, S. 262) und stellt so einen Erfolgsfaktor für eine Blended-Learning Maßnahme dar (ebd).

Auf der anderen Seite ist es für die Studierenden eine große Umstellung, den Lernprozess individuell zu steuern. Empirische Studien zeigen, dass Studierende mehrheitlich keine Erfahrung mit überwiegend selbstverantwortlichen Lernformen haben (Iberer und Milling 2013). Über die gesamte Schulzeit waren sie gewohnt, die Steuerung des Lernprozesses den Lehrenden zu überlassen (Erpenbeck et al. 2015, S. 24). Durch die Einbindung von Selbstlernphasen wird auch das individuelle Zeitmanagement eine größere Bedeutung bekommen. Die Studierenden müssen angelernt werden, sich neben familiären und beruflichen Pflichten regelmäßig mit dem Studium zu beschäftigen. Hilfreich hierbei sind feste Zeiten und die Selbstdisziplin, sich an eigene Zeitpläne zu halten (Griesehop und Bauer 2017, S. 14).

Mit dem Blended-Learning Konzept wird eine Alternative zu der bestehenden Lernform bereitgestellt, um die Nachhaltigkeit der statistischen Lehre zu verbessern. Dabei wird die Präsenzlehre durch individuelle Selbstlernphasen ergänzt. Mit Hilfe des Wechsels zwischen Online- und Präsenzphasen sollen die Vorteile des Online-Lernens mit denen des Präsenzlernens kombiniert werden (s. Abb. 4.1).

Der große Vorteil der Onlinephase besteht darin, dass die Studierenden den Lernprozess selbstständig gestalten können, d. h. sie können sich die statistischen Kompetenzen orts- und zeitunabhängig in eigenem Lerntempo erarbeiten. Damit dies gelingt, müssen die Materialien der Selbstlernphase gut strukturiert und über zeitgemäße Medien (z. B. Erklärvideos, digitale Tests mit Feedbackinformationen) bereitgestellt werden. In der Präsenzphase kann dann auf die selbst erworbenen Kompetenzen aufgebaut werden. Es sollten in einer Präsenzveranstaltung zunächst Fragen geklärt und

4 Der richtige Mix macht's

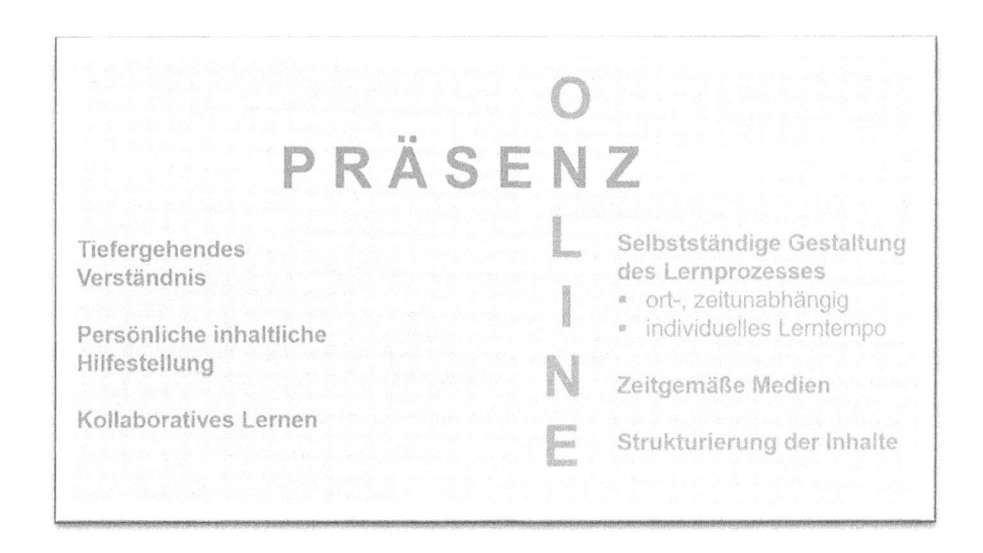

```
                    O
        PRÄSENZ
                    L
Tiefergehendes      |    Selbstständige Gestaltung
Verständnis         N    des Lernprozesses
                              ▪ ort-, zeitunabhängig
Persönliche inhaltliche       ▪ individuelles Lerntempo
Hilfestellung       |
                    N    Zeitgemäße Medien
Kollaboratives Lernen
                    E    Strukturierung der Inhalte
```

Abb. 4.1 Vorteile des Blended-Learning Konzeptes

persönliche inhaltliche Hilfestellungen gegeben werden, bevor dann über weiterführende Übungen z. B. in der Gruppe ein tiefergehendes Verständnis erworben werden kann.

4.3 Beispielsanwendung Modul Deskriptive Statistik

4.3.1 Studiengang

Das Modul „Deskriptive Statistik" im Blended-Learning Format wird im 2. Semester des Studienganges Management und Expertise im Pflege- und Gesundheitswesen (BAME) an der Hochschule für Technik und Wirtschaft des Saarlandes (htw saar) eingesetzt. Es handelt sich dabei um eine Veranstaltung im Umfang von 2 Semesterwochenstunden. Der Studiengang BAME unterscheidet sich einerseits von klassischen Studiengängen, die direkt nach dem Erwerb der Hochschulreife begonnen werden und andererseits auch von typischen berufsbegleitenden Studiengängen. Voraussetzung für den Studiengang ist eine abgeschlossene Berufsausbildung im Pflegebereich oder in einem medizinischen Assistenzberuf. Allerdings ist der Studiengang als Vollzeitstudium und nicht berufsbegleitend ausgewiesen. Dennoch sind die meisten Studierenden während des Studiums darauf angewiesen, zumindest in Teilzeit weiterhin in ihrem Ausbildungsberuf tätig zu sein. Eine weitere Besonderheit liegt darin, dass die Studierenden vor Studienbeginn unterschiedlich lange im Beruf tätig waren und somit auch die schulische Lernerfahrung unterschiedlich weit zurückliegt. Mit dem Blended-Learning Modul sollen die sehr heterogenen mathematisch-statistischen Vorkenntnisse vor jeder Präsenzveranstaltung synchronisiert werden. Dabei können die Studierenden in den Onlinephasen den Lernprozess gemäß den eigenen Bedürfnissen gestalten und die Präsenzveranstaltung vorbereiten.

4.3.2 Ablauf der Veranstaltung

Kennzeichen des Blended-Learning Formates ist die enge Verzahnung von Online- und Präsenzphasen. Die Veranstaltung wurde so konzipiert, dass sich vier Online- und Präsenzphasen zu Beginn abwechseln. In der Onlinephase werden Wissensinhalte von den Studierenden selbst erarbeitet, während in den Präsenzphasen Fragen geklärt, Inhalte vertieft und angewendet werden. Der Verlaufsplan der Veranstaltung in Abb. 4.2 dargestellt. Die Veranstaltung ist in sechs Lerneinheiten unterteilt, wobei die ersten vier Lerneinheiten (LE) zur Wissensvermittlung und – vertiefung dienen und die letzten beiden Lerneinheiten zur Kurzeinführung der statistischen Software SPSS (IBM Corp. Released 2017) und zur Klausurvorbereitung vorgesehen sind. Die Onlinephasen sind thematisch in vier Einheiten aufgeteilt (Einführung und Grundlagen, univariate Analyse, bivariate Analyse und Grafiken).

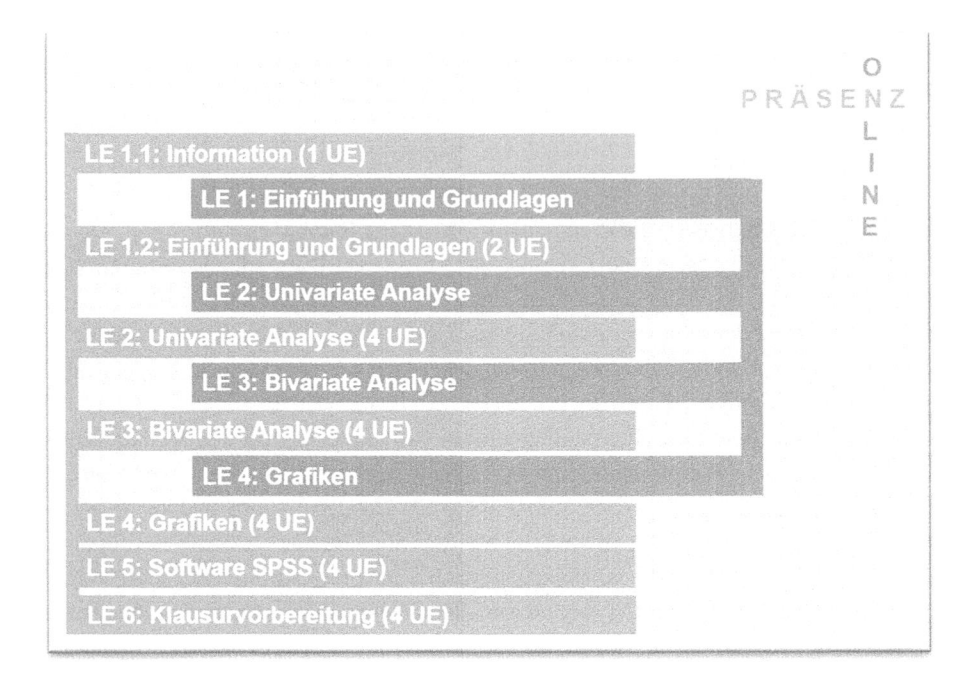

Abb. 4.2 Verlaufsplan der Blended-Learning Veranstaltung (UE = Unterrichtseinheit à 45 min, LE = Lerneinheit)

In der ersten Präsenzveranstaltung (LE 1.1) werden die Studierenden über die Abläufe und das didaktische Konzept des Moduls „Deskriptive Statistik" informiert. Anschließend wird die erste Onlineeinheit (LE 1) zum Thema Einführung und Grundlagen freigeschaltet, die die Studierenden bis zur nächsten Präsenzveranstaltung LE 1.2 vorbereiten sollen. In der synchronen Veranstaltung LE 1.2 werden dann Fragen der Studierenden besprochen und Übungen zur Vertiefung durchgeführt. Eine allgemeine Wiederholung erfolgt in den Präsenzveranstaltungen bewusst nicht, um zu unterstreichen, dass eine Vorbereitung der Präsenzveranstaltung in der Onlinephase durch die Studierenden zwingend erforderlich ist, um einen Nutzen aus der synchronen Veranstaltung zu ziehen. Analog wird mit den weiteren drei Lerneinheiten zur univariaten und bivariaten Analyse sowie zu Grafiken verfahren. Jeweils in direktem Anschluss an eine Präsenzveranstaltung wird die nächste Onlinephase freigeschaltet. Diese ist dann bis zur nächsten synchronen Veranstaltung vorzubereiten. Dabei sind die Präsenzveranstaltungen so terminiert, dass zwischen den Veranstaltungen mindestens eine Woche liegt, sodass die Studierenden ausreichend Zeit haben, um die Onlinephasen zu bearbeiten.

4.3.3 Struktur einer Lerneinheit

Es hat sich gezeigt, dass selbstgesteuerte Lernprozesse erfolgreicher sind, wenn der Lernende eine klare Orientierung und Strukturierung erhält (Erpenbeck et al. 2015; Arnold et al. 2018, S. 52). Aus diesem Grund besitzen die Lerneinheiten 1–4 alle den gleichen Aufbau. Diese einheitliche Strukturierung der Inhalte soll es den Studierenden erleichtern, den individuellen Lernpfad zu realisieren. Für alle vier Onlinephasen wurden selbst Lernvideos produziert. Zur leichteren Orientierung wurde eine farbliche Kennzeichnung der Lernvideos eingesetzt. Videos der Kategorie „Überblick" (grüner Rand) sind im Animationsstil erstellt und geben als Impulsvideo einen kurzen Überblick über die Lernziele der jeweiligen Lerneinheit und sollen zur Bearbeitung der Lerneinheit motivieren. Bei Videos der Kategorie „Erklärt" (gelber Rand) handelt es sich um kommentierte Vorlesungsfolien, bei denen Wissensinhalte vermittelt werden. Übungsaufgaben werden in Videos der Kategorie „Ausgerechnet" (blauer Rand) ausführlich besprochen. Dabei wurden Screencasts von einem beschreibbaren Tablet erstellt und mit einer Audiospur kommentiert. Videos der Kategorie „Viel SPaSS mit SPSS!" (roter Rand) erläutern die Umsetzung der methodischen Aspekte anhand der Software SPSS (IBM Corp. Released 2017). Hierzu wurden ebenfalls Screencasts erstellt und Erläuterungen über eine Audiospur ergänzt. Ein Überblick der Systematik der eingesetzten Lernvideos wird in Abb. 4.3 gegeben. Ein Verzeichnis aller verfügbaren Videos findet sich in Anhang 1 der elektronischen Materialien.

Für jede der vier Lerneinheiten werden zunächst die Lernziele narrativ als auch im Lernvideo der Kategorie „Überblick" dargestellt. Die weitere Struktur einer Lerneinheit ist in der folgenden Abb. 4.4 exemplarisch für Lerneinheit 1 dargestellt.

Abb. 4.3 Eingesetzte Lernvideos

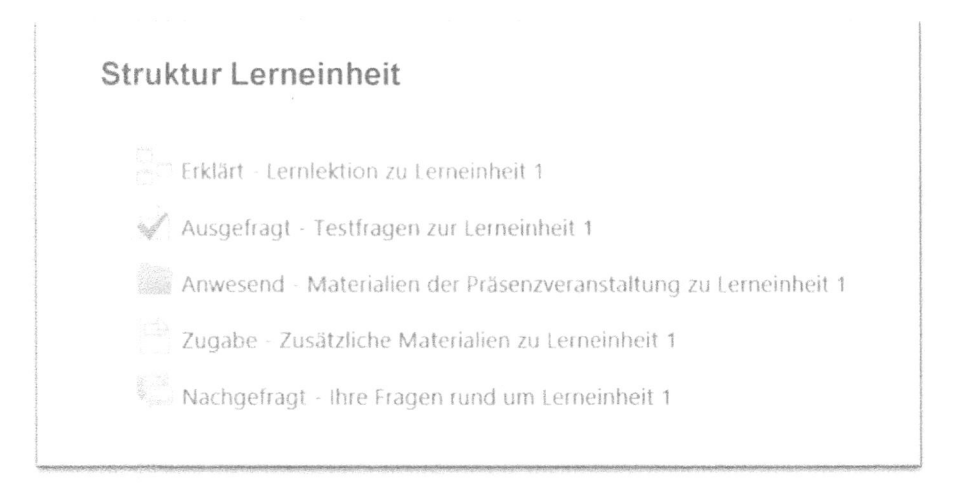

Abb. 4.4 Struktur einer Lerneinheit

Zunächst wurde für jede Lerneinheit eine Lernlektion mit den Wissensinhalten und ein dazugehöriges Set an Testfragen zur Selbstlernkontrolle erstellt („Erklärt – Lernlektion zu Lerneinheit 1" und „Ausgefragt – Testfragen zur Lerneinheit 1"). Beides dient der Vorbereitung der Präsenzphase und ist von den Studierenden in der Onlinephase individuell zu bearbeiten.

Die Übungen, Folien und Unterlagen der Präsenzveranstaltung werden den Studierenden jeweils im Verzeichnis „Anwesend – Materialien der Präsenzveranstaltung" zur Verfügung gestellt. Zudem werden auf der Seite „Zugabe – Zusätzliche Materialien" Hinweise auf weitere Lernmaterialien gegeben.

Ein wichtiger Erfolgsfaktor für das Lernen in der Onlinephase ist die asynchrone Unterstützung durch die Lehrenden oder auch durch andere Studierende. Im vorgestellten Konzept erfolgt die tutorielle Begleitung der einzelnen Lerneinheiten über ein moderiertes Forum („Nachgefragt – Ihre Fragen rund um Lerneinheit 1"). Hier findet der Austausch zwischen Studierenden untereinander als auch zwischen Dozentin und Studierenden statt. Fragen oder Verständnisschwierigkeiten der Studierenden zu Lerninhalten oder Tests werden dabei zeitnah von der Dozentin beantwortet.

4.3.4 Umsetzung im Lernmanagementsystem Moodle

Die Inhalte des Moduls „Deskriptive Statistik" wurden über die Lernplattform Moodle bereitgestellt. Es erfolgte eine thematische Gliederung in sechs Lerneinheiten (s. Abb. 4.2). Jede Lerneinheit wurde gemäß der in Abb. 4.4 aufgezeigten Struktur eingebunden.

Um die Präsenzphasen optimal nutzen zu können, wird von den Studierenden erwartet, dass der entsprechende Lerninhalt in den Selbstlernphasen auch tatsächlich erarbeitet wurde. Dies erfordert eine hohe Eigenmotivation bei den Teilnehmenden. Eine Steigerung der Lernermotivation und der Lerntransferleistung kann durch ein Betreuungskonzept sowohl mit realen als auch mit virtuellen Elementen erreicht werden (Iberer und Milling 2013). Zur Unterstützung der Studierenden wurden hierzu verschiedenen eTools in der Lernumgebung Moodle eingebunden.

Um den Lernfortschritt zu dokumentieren und die Motivation zu erhöhen, erhalten die Studierenden jeweils in Moodle eine digitale Auszeichnung, wenn sie bis zur Präsenzphase sowohl die Lernlektion als auch die dazugehörigen Testfragen bearbeitet haben. Die digitalen Auszeichnungen wurden dabei unter Verwendung der kostenfreien Software Badge Design (o. J.) erstellt.

Zur Orientierungshilfe ist in jedem Lernpaket eine Navigationshilfe eingebunden, d. h. Studierenden können entweder jede Seite des Lernpaketes sequentiell besuchen oder aber über das Inhaltsverzeichnis individuell auf Inhalte zugreifen. An eine Lernlektion schließt sich in jeder Lerneinheit ein Test mit 7 – 8 Fragen zur Selbstkontrolle an. Studierende erhalten nach jeder Frage ein unmittelbares individuelles Feedback, d. h. es werden z. B. bei falschen Antworten weiterführende Lernhinweise oder Erläuterungen gegeben.

Sowohl innerhalb einer Lernlektion als auch innerhalb des Tests wird der Bearbeitungsstand automatisch gespeichert, sodass Studierende auch nach einer Unterbrechung wieder direkt weiterarbeiten können. Ein Verzeichnis der Inhalte der vier Lernpakete und der Tests sowie der verwendeten Präsentationformen findet sich in Anhang 2 der elektronischen Materialien.

4.4 Diskussion und Ausblick

Das Modul „Deskriptive Statistik" wurde bereits mehrfach im Blended-Learning Format durchgeführt. Dabei hat sich gezeigt, dass die Bereitstellung von digitalen Lernpaketen bei den Studierenden zu einer höheren Bereitschaft führt, sich mit statistischen Inhalten auseinanderzusetzen. Zudem können die Wissensinhalte individuell in unterschiedlichen Lerngeschwindigkeiten erarbeitet werden, sodass in der Onlinephase eine Synchronisation erreicht wird und in der Präsenzveranstaltung auf einen homogeneren Wissensstand aufgebaut werden kann. In den Evaluationen berichten die Studierenden, dass sie durch das Blended-Learning Konzept kontinuierlicher gelernt haben und sich somit die Nachhaltigkeit des Lernens erhöht hat.

Allerdings zeigte sich auch, das die Erstellung medialer Lerninhalte sehr zeitaufwendig ist. Da jedoch nahezu in jedem Studiengang statistische Inhalte gelehrt werden, können Inhalte dieses Moduls problemlos auch in andere Lehrveranstaltungen sowohl eigene als auch von anderen Lehrenden integriert werden. So war es zum Beispiel auch während der Covid-19-Pandemie 2020 möglich, die digitale Lehre der statistischen Fächer kurzfristig in einer Vielzahl von Studiengängen studiengangs-, fakultäts- und hochschulübergreifend unter Verwendung der Materialien des hier vorgestellten Blended-Learning Moduls umzusetzen. So konnte jeder Lehrende nach individueller Passung seine eigene Lehrveranstaltung durch einzelne Inhalte aus dem Kurs ergänzen oder das komplette Modul einbinden. Sollten Sie selbst Interesse an einer Zusammenarbeit oder an einzelnen Materialien des Blended-Learning Moduls haben, setzen Sie sich bitte mit der Autorin in Verbindung.

Anhang

Folgende elektronische Materialien zu diesem Beitrag finden Sie online:

- Anhang 1: Verzeichnis der verfügbaren Lernvideos
- Anhang 2: Verzeichnis über Inhalte der digitalen Lernpakete und Tests

Literatur

Arnold P, Kilian L, Thillosen A, Zimmer GM (2018) Handbuch E-Learning. Lehren und Lernen mit digitalen Medien, 5 Aufl. UTB; wbv, Stuttgart

Badge Design (o.J.): Create beautiful open badges. Online verfügbar unter https://badge.design/, zuletzt geprüft am 21 Mai 2020

Erpenbeck J; Sauter S, Sauter W (2015) E-Learning und blended learning. Selbstgesteuerte Lernprozesse zum Wissensaufbau und zur Qualifizierung. Springer, Wiesbaden

Griesehop HR, Bauer E (Hrsg.) (2017) Lehren und Lernen online. Lehr- und Lernerfahrungen im Kontext akademischer Online-Lehre. Springer, Wiesbaden

Iberer U, Milling M (2013) Was kennzeichnet "gute" Betreuung bei berufsbegleitenden Studiengängen im Blended-Learning- Format? Tragweite verschiedener Betreuungskomponenten und ihr Transfer auf andere Studiengänge. In: Hochschule und Weiterbildung (1), S. 53–60

IBM Corp. Released (2017) IBM SPSS statistics for windows, Version 25.0. IBM Corp, Armonk, NY

MMB-Institut für Medien- und Kompetenzforschung (2017) In welchem Rahmen setzen Sie digitale Medien für Ihre Veranstaltungen ein? zitiert nach de.statista.com. Online verfügbar unter https://de.statista.com/statistik/daten/studie/733647/umfrage/einsatzarten-digitaler-medien-an-hochschulen-in-deutschland/, zuletzt geprüft am 21 Mai 2020

Ein (didaktischer) Werkzeugkasten für ein effektives R Training

Erfahrungen aus einem On-the-Job R Training ausgerichtet auf ein gemischtes Zielpublikum

Stefan Englert, Greg Cicconetti und William Randall Henner

5.1 Einleitung

Bei R handelt es sich um eine der am meisten genutzten Programmiersprachen im Bereich Data Sciences. Um die nächste Generation an Data Scientists mit dieser Programmiersprache vertraut zu machen, haben wir im Jahr 2016 ein R Training entwickelt. Wir haben das Training auf unsere Zielgruppe ausgerichtet. Uns war wohl bewusst, dass wir ein sehr gemischtes Zielpublikum in diesem Training vorfinden werden, sowohl hinsichtlich ihres beruflichen Hintergrunds als auch ihrer Vorerfahrung mit R. Wir konnten generell davon ausgehen, dass unsere Teilnehmenden mit statistischen Verfahren vertraut waren. Dies ist typisch für die pharmazeutische Industrie und vergleichbar mit einer Software-Lehrveranstaltung für Studierende höherer Fachsemester, oder anderen Kursen, bei denen die Teilnehmenden über grundlegende Kenntnisse in Statistik oder Biometrie verfügen.

Elektronisches Zusatzmaterial Die elektronische Version dieses Kapitels enthält Zusatzmaterial, das berechtigten Benutzern zur Verfügung steht https://doi.org/10.1007/978-3-662-62193-6_5.

S. Englert (✉)
AbbVie Deutschland GmbH & Co. KG, Data and Statistical Sciences,
Ludwigshafen, Deutschland
E-Mail: stefan.englert@abbvie.com

G. Cicconetti
AbbVie Inc., Statistical Innovation, North Chicago, USA
E-Mail: greg.cicconetti@abbvie.com

W. R. Henner
AbbVie Inc., Data and Statistical Sciences, Redwood City, USA
E-Mail: william.henner@abbvie.com

© Der/die Herausgeber bzw. der/die Autor(en), exklusiv lizenziert durch Springer-Verlag GmbH, DE, ein Teil von Springer Nature 2021
C. Herrmann et al. (Hrsg.), *Zeig mir Health Data Science!*,
https://doi.org/10.1007/978-3-662-62193-6_5

Das Training im Jahr 2016 war als klassisches On-the-Job Training ausgelegt. Nach einer optionalen Kurz-Einführung in R wurden Fragestellungen aus der täglichen Arbeit unseres pharmazeutischen Unternehmens besprochen. Jede Trainingseinheit hat dabei die Fragestellung und die implementierte Lösung in der Programmiersprache R dargelegt. In insgesamt neun Einheiten wurde so ein breites Spektrum an Fragestellungen und Thematiken abgedeckt.

Basierend auf unseren Erfahrungen mit dem ersten Durchlauf haben wir das Training grundlegend überarbeitet, neu strukturiert und weiter optimiert. Der Grundgedanke eines On-the-Job Trainings mit anwendungsnahen Fragestellungen blieb erhalten. Die überarbeitete Form wurde 2019 sehr erfolgreich durchgeführt. Die Erfahrungen, die in diese zweite Durchführung eingeflossen sind, möchten wir in diesem Kapitel vermitteln und die didaktischen Methoden vorstellen, die wir angewendet haben. Die Trainingsmaterialien befinden sich im Anhang. Im weiteren Verlauf setzten wir Kenntnisse in R, R Studio und R Markdown voraus.

5.2 Zielsetzung und Struktur

Uns war besonders wichtig, dass jeder der Teilnehmenden aktiv eingebunden ist und unabhängig vom Grad des Vorwissens in R in jeder Trainingseinheit etwas Neues lernt. Dies immer im Hinblick darauf, dass das neu Gelernte direkt angewendet werden kann.

Ein weiteres Ziel war es, effektiv Ergebnisse zu produzieren und dabei ein Grundverständnis für die Programmiersprache R zu entwickeln. Bewusst nur ein Grundverständnis und nicht ein tiefgehendes Verständnis aller Feinheiten und Begriffe, das sollte unserer Erfahrung nach auch gar nicht das Ziel eines Softwaretrainings sein sollte. Sobald man sich ein Grundverständnis einer Programmiersprache angeeignet hat und in der Lage ist den Code anderer Personen zu ‚lesen', besteht meist schon keine Notwendigkeit mehr für ein individuelles Training. Vielmehr ist es dann einfacher und effektiver, die konkrete Fragestellung im Internet zu recherchieren. Normalerweise führt dies dazu, dass man eine direkt vergleichbare oder ähnliche Fragestellung mit Lösung oder Lösungsvorschlag in einem Blog oder Forum finden kann. Zielführend ist es dann, das dort angebotene Ergebnis so weit zu modifizieren, bis es für die eigene Fragestellung passt.

Das von uns entwickelte überarbeitete Trainingsprogramm besteht aus vier Trainingseinheiten (siehe Tab. 5.1). Wir beginnen mit einer Einführung in R gefolgt von einer Einheit über die Syntax von R. Danach werden deskriptive Statistiken und Graphiken sowie statistisches Testen und Modellierung behandelt. Optimalerweise sollten die Trainingseinheiten 1 (Einführung in R) und 2 (R Syntax) dabei in einer gemeinsamen Sitzung von 90 min durchgeführt werden. Der Hintergrund dabei ist, dass die erste Trainingseinheit für Nutzer mit weitreichenden Vorkenntnissen in R ausschließlich Wiederholung sein dürfte, und somit nicht dem Ziel gerecht wird, dass auch ein erfahrener Nutzer etwas aus dieser Trainingseinheit mitnehmen kann. Dies kann im schlimmsten Fall dazu

Tab. 5.1 Aufbau des Trainings und geplanter Zeitumfang

Trainingseinheit	Inhalt	Zeitumfang
1	Einführung in R	30'
2	R Syntax	60'
3	Deskriptive Statistiken und Graphiken	90'
4	Statistisches Testen und Modellierung	90'
	Gesamt	270' (4.5 h)

führen, dass der Teilnehmende das Programm vorzeitig beendet unter der Annahme, dass auch die folgenden Einheiten ein ähnliches Schwierigkeitsniveau bieten. Dieses Risiko sehen wir nicht mehr, wenn sich Trainingseinheit 2 unmittelbar anschließt. Insgesamt ergeben sich drei Blöcke von jeweils 90 min mit einem Gesamtaufwand von 270 min. In unserer Firma haben wir diese drei Blöcke mit jeweils zwei Wochen Abstand durchgeführt. Diese zeitliche Streckung schien uns optimal. Die Teilnehmenden hatten dadurch die Möglichkeit, das Gelernte im Eigenstudium zu vertiefen und der zusätzliche zeitliche Aufwand für das Training ließ sich problemlos in die normale Arbeitstätigkeit integrieren. Das gesamte Training von 4.5 h lässt sich alternativ auch im Rahmen eines Ein-Tages-Workshops abhandeln.

Für das Training ist keine spezielle technische Ausstattung notwendig. Ein Laptop (mit installiertem R und R Studio) sowie Beamer sind ausreichend. Eine Internetverbindung ist während des Trainings nicht unbedingt erforderlich. Alternativ kann das Training als Web-Konferenz abgehalten werden.

5.3 Methoden

In diesem Kapitel werden wir Erfahrungen mit unserem R Training teilen und die (didaktischen) Methoden vorstellen, die wir angewendet haben, um unser Training für alle Teilnehmenden interessant und gewinnbringend zu gestalten. Unser Werkzeugkasten an Methoden ist dabei universell auf jedes R Training anwendbar und keinesfalls auf unseren konkreten Anwendungsfall eines On-the-Job Trainings beschränkt.

5.3.1 Herausfordernde Einführung

Im ersten Durchlauf hatten wir den Teilnehmenden mit Grundkenntnissen in R empfohlen, die erste Trainingseinheit zur Einführung in R auszulassen und erst im zweiten Modul, welches konkrete Anwendungsfälle beschreibt, einzusteigen. Im Nachhinein hat sich dieser gutgemeinte Rat als Trugschluss erwiesen. Es hatte vielmehr dazu geführt, dass ein Teil der Teilnehmenden sich ausgegrenzt oder nicht voll berücksichtigt fühlte und somit das Training überhaupt nicht verfolgt hat. Eine nennenswerte Zahl an Teilnehmenden hatte unseren Hinweis ganz ignoriert (da sie nichts verpassen wollten) und dennoch an der Einführung teilgenommen. Andere hatten unseren Hinweis berücksichtigt, allerdings ihre eigenen Kenntnisse überschätzt, sodass ein Teil des Inhaltes aus unserer ersten Einheit auch für diese Nutzer hilfreich gewesen wäre. Das überarbeitete Training wurde deshalb so konzipiert, dass es keine optionalen Teile enthält, unabhängig von der Vorerfahrung der Nutzer. Jeder Teil ist dafür ausgerichtet, einen tatsächlichen Mehrwert für die Teilnehmenden zu bieten. Wir empfehlen deshalb bereits, die Einführung in R interessant zu gestalten. Aus diesem Grund hatten wir uns entschlossen, die Standard-Oberfläche von R (R Base GUI) komplett zu ignorieren und direkt mit R Studio, als Quasi-Standard GUI von R zu beginnen. Dies kombinierten wir ab der ersten Minute mit einer R Markdown Umgebung. R Markdown ist ein Tool, mit dem es möglich ist, fortgeschrittene Berichte in R zu erstellen und dabei R Code mit Text zu kombinieren. R Markdown ist direkt in R Studio verfügbar. Somit enthielt unsere R Einführung nicht nur R als Programmiersprache, sondern auch R Studio als zugehörige Entwicklungsumgebung und R Markdown als Berichtsumgebung. Diese Zusammensetzung entspricht dem wie R bei uns in der Firma hauptsächlich verwendet wird. Wir haben die Erfahrung gemacht, dass die Bedienung sehr intuitiv und leicht verständlich ist für Personen ohne Hintergrund in R. Gleichzeitig gibt es viele Personen, die bereits über fortgeschrittene Kenntnisse in R verfügen, jedoch niemals mit R Markdown gearbeitet haben. Dieser Ansatz bietet so einen tatsächlichen Mehrwert für die Mehrzahl der Teilnehmenden (Abb. 5.1).

5.3.2 Live Demonstration

Gerade bei Programmiersprachentrainings ist es hilfreich, die Teilnehmenden aktiv zu involvieren und die Befehle zusammen mit ihnen auszuführen. Unser Training ist deshalb als Live Demonstration ausgelegt. Jede Trainingseinheit basiert auf einem eigenen R Markdown Dokument (siehe Anhang), welches als Vorbereitung für das Training erstellt wurde. Während des Trainings wird dann jeder Programmaufruf live in der R Studio Programmierumgebung durchgeführt. Die Teilnehmenden konnten alle Schritte mitsamt dem zugehörigen Ergebnis direkt mitverfolgen. Wir hatten keine separaten PowerPoint-Folien oder sonstiges Trainingsmaterial vorbereitet. R Markdown erlaubt es alle Befehle, die während der Trainingseinheit verwendet wurden, als zusammenhängenden Bericht im HTML- oder PDF-Format zu erzeugen (dies wird in R als „knit" bezeichnet). Am Ende einer Trainingseinheit haben wir genau dies getan und sozusagen das Trainingsskript live während der Veranstaltung erzeugt. So konnten wir indirekt demonstrieren wie R auch in anderen Situationen verwendet werden kann bzw. sollte, beispielsweise bei Projektarbeit. Durch einen abschließenden Bericht ist es später einfacher möglich nachzuvollziehen, welche Befehle in welcher Reihenfolge durchgeführt wurden. Da R Markdown Fließtext zwischen den einzelnen Code-Blöcken erlaubt, kann

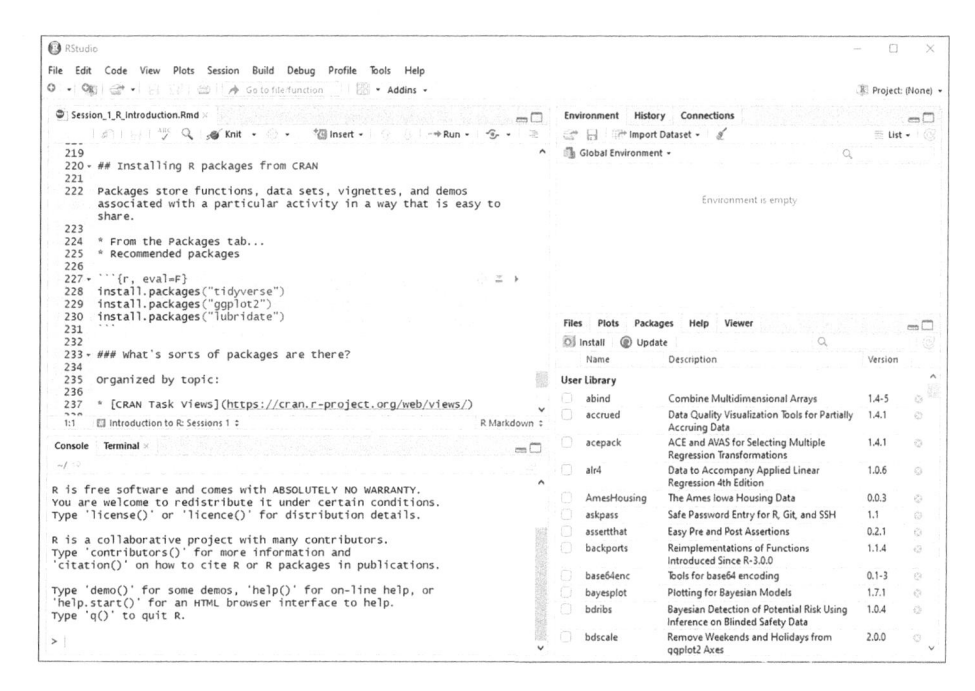

Abb. 5.1 Screenshot der R Studio Benutzeroberfläche mit geöffnetem R Markdown Dokument. (reproduziert mit Erlaubnis von RStudio, PBC; RStudio und Shiny sind Trademarks von RStudio, PBC)

so auch ein abgeschlossener Bericht erzeugt werden. PDF-Berichte zu jeder Trainingseinheit sind im Anhang verfügbar, können und sollten jedoch in jeder Trainingseinheit neu erzeugt werden.

5.3.3 Paketbasierte Verwendung von R

In der Praxis wird R selten eigenständig genutzt. Vielmehr wird R zusammen mit einer großen Anzahl an frei verfügbaren Erweiterungen verwendet. Die als Pakete bezeichneten Erweiterungen bieten eine komfortable Möglichkeit, den Funktionsumfang von R zu erweitern. Fast jede praktische Verwendung in R beginnt deshalb mit einer Liste an R-Paketen, die für das aktuelle Projekt verwendet werden sollen. Dies haben wir auch in unserem Training aufgegriffen und so wird die Installation und das Laden von Paketen bereits in der ersten Lektion demonstriert. Alle weiteren Trainingssessions beginnen stets damit die notwendigen R-Pakete zu laden. Zum jetzigen Zeitpunkt sind mehrere tausend solcher Pakete verfügbar und werden über die zentrale Paketverwaltung von R, benannt CRAN, zur Verfügung gestellt. Im Bereich Data Science haben sich einige Pakete als unverzichtbar herauskristallisiert. Unsere Lehrveranstaltung verwendet deshalb diese Pakete direkt von Anfang an. Eines dieser Pakete ist ‚Tidyverse'. Dabei handelt es sich genaugenommen nicht um ein eigenständiges Paket, sondern um eine Sammlung von R-Paketen, die alle eine gemeinsame Struktur und Herangehensweise haben. Die Prinzipien hinter Tidyverse lassen sich wie folgt zusammenfassen[1]:

- Verwende existierende Datenstrukturen
- Baue einfache Funktionen
- Benutze funktionale Programmierung
- Entwickle für Menschen

Zu den Paketen des Tidyverse und gleichzeitig meistgenutzten R Paketen überhaupt gehören:

- **ggplot2:** Für publikationsreife Grafiken
- **dplyr:** Manipulieren von Daten
- **tidyr:** Strukturieren, vorbereiten und „bereinigen" (engl. tidy) von Daten
- **readr:** Einlesen von Datenformaten
- **purrr:** Iterieren über Datenstrukturen
- **tibble:** Bereitstellung einer neuen Datenstruktur
- **stringr:** Manipulieren von Text
- **forcats:** Manipulieren von kategorischen Daten (Faktoren)

Unser Training unterscheidet bewusst nicht zwischen Funktionalität, die standardmäßig durch R zur Verfügung gestellt wird, und erweiterter Funktionalität, die durch die Pakete des Tidyverse bereitgestellt werden. Alle unsere Trainingseinheiten verwenden die Tidyverse Pakete als eine Art Grundvoraussetzung zum effektiven Arbeiten mit R im Bereich Data Sciences. Diese Sichtweise wird auch den Teilnehmenden vermittelt und die Vorteile dieser Herangehensweise werden besprochen.

5.3.4 Fokussierung auf einen Programmierstil

R erlaubt sehr viele unterschiedliche Herangehensweisen, wie Code geschrieben werden kann. Aus den zum Tidyverse gehörenden Paketen, insbesondere dem darin enthaltenen sogenannten Pipe-Operator %>%, entwickelte sich eine eigene Art der R Programmierung. Diese Art der Programmierung resultiert in besonders einfach lesbarem Code. Als Beispiel betrachten wir den Datensatz iris, der standardmäßig in R verfügbar ist. Der Iris Datensatz besteht aus 150 Beobachtungen dreier Arten von Schwertlilien (Iris Setosa, Iris Virginica und Iris Versicolor), an denen jeweils vier Attribute der Blüten erhoben wurden: Die Länge und die Breite des Sepalum (Kelchblatt) und des Petalum (Kronblatt). Tab. 5.2

---

[1]Nach https://cran.r-project.org/web/packages/tidyverse/vignettes/manifesto.html.

zeigt wie der Mittelwert der Länge des Kelchblatts (Sepal.Length) getrennt für die drei Arten (Species) berechnet werden kann. Alle vier Methoden erzeugen als Ergebnis einen identischen Datensatz, welcher in Tab. 5.3 ausgegeben ist.

Die letzte Methode 4, unter Verwendung des Tidyverse-Pakets ‚dplyr' und des Pipe Operators, ist auch für Personen ohne Hintergrundkenntnisse in R gut lesbar und wird unserer Ansicht nach auch hauptsächlich von erfahrenen Nutzern in Data Science verwendet. Es schien uns deshalb zweckmäßig, nur diesen einen Stil in unserem Training zu vermitteln. Diese Fokussierung auf einen häufig verwendeten Programmierstil brachte uns einen ganz bedeutenden Effektivitätsgewinn und führte dazu, dass die Teilnehmenden schneller zu Ergebnissen gelangten.

5.3.5 Grammatik statt Vokabular

Die Paketautoren des Tidyverse sprechen bei ihrer Herangehensweise nicht von einem Programmierstil, sondern von einer einheitlichen Grammatik. Sobald man die Strukturen

Tab. 5.2 Verschiedene Methoden in R zur Berechnung des Mittelwerts der Länge des Kelchblatts (Sepal.Length) getrennt für die drei Arten (Species) des iris Datensatz

Methode 1 (Naive Programmierung)
```
1  Species <- unique(iris$Species)
2  data.frame(
3    Species, Mean.Sepal.Length = c(
4      mean(iris$Sepal.Length[iris$Species == Species[1]]),
5      mean(iris$Sepal.Length[iris$Species == Species[2]]),
6      mean(iris$Sepal.Length[iris$Species == Species[3]])
7    )
8  )
```

Methode 2 (Ohne Verwendung zusätzlicher Pakete)
```
1  do.call(rbind,lapply(unique(iris$Species),function(x)
2    data.frame(Species=x,Mean.Sepal.Length=mean(iris$Sepal.Length[iris$Species == x]))))
```

Methode 3 (Mit Paket ‚dplyr' ohne Pipes)
```
1  summarise(group_by(iris,Species),Mean.Sepal.Length = mean(Sepal.Length))
```

Methode 4 (Mit Paket ‚dplyr' und Pipes)
```
1  iris %>%
2    group_by(Species) %>%
3    summarise(Mean.Sepal.Length = mean(Sepal.Length))
```

Tab. 5.3 Ausgabe des Mittelwerts der Länge des Kelchblatts (Mean.Sepal.Length) getrennt für die drei Arten (Species) des iris Datensatz

	Species	Mean.Sepal.Length
1	setosa	5.006
2	versicolor	5.936
3	virginica	6.588

dieser Grammatik verstanden hat, ist es sehr einfach, diese anzuwenden. Wir empfehlen deshalb, sich auf die Grammatik zu fokussieren und nicht darauf, den Teilnehmenden eine Vielzahl unterschiedlicher Befehle in R beizubringen (welche man übertragen als Vokabular von R bezeichnen könnte). Das Paket ‚dplyr' beispielsweise, welches zur Manipulation von Daten dient, verwendet eine kleine Anzahl an Schlüsselwörtern, welche die Grundlage der Grammatik bilden. Diese werden innerhalb des Pakets treffend als ‚Verben' bezeichnet. In unserer zweiten Trainingseinheit werden genau diese Verben behandelt und so die Grammatik des Pakets vermittelt. Die innerhalb von ‚dplyr' behandelten Befehle sind:

- **select:** Auswahl von Spalten
- **rename:** Umbenennen von Spalten
- **mutate:** Umkodieren und Transformieren von Spalten
- **filter:** Filtern von Zeilen
- **group_by:** Gruppieren von Zeilen
- **summarize:** Zusammenfassen von Zeilen
- **arrange:** Sortieren von Zeilen
- **gather:** Spalten in Zeilen umwandeln
- **spread:** Zeilen in Spalten umwandeln
- **do:** Weitere R Befehle anwenden

Gleiches gilt für Grafiken, welche mit dem Paket ‚ggplot2' aus dem Tidyverse erzeugt werden und in der dritten und vierten Trainingseinheit besprochen werden. Wir haben auch hier darauf verzichtet, jede einzelne in R mögliche Grafik zu besprechen und stattdessen nur den Aufbau der Grafiken, die Grammatik der Grafiken, vermittelt. Sobald die Teilnehmenden diese Grammatik verinnerlicht haben, sind sie in der Lage auch weitere Befehle anzuwenden. Einen Überblick über alle Methoden der Tidyverse-Pakete geben die R Studio Schummelzettel[2] (engl. Cheat Sheets). Diese eignen sich perfekt zum Selbststudium und zum Ausprobieren.

5.3.6 Intuitives Lernen

Zur Vermittlung der Grammatik nutzen wir auch die Methode des indirekten oder intuitiven Lernens, welches nur durch die Live Demonstration möglich war. Jedes Kapitel begann mit einem nahezu trivialen Beispiel, welches direkt verständlich war und kaum einer Erklärung bedurfte. Durch Hinzufügen weiterer Befehle wurde dieses immer mehr erweitert, bis es letztendlich eine Komplexität erreicht hatte, welche – isoliert betrachtet – zu komplex für eine Einführungsveranstaltung war. Tab. 5.4 zeigt

---

[2]Verfügbar unter: https://rstudio.com/resources/cheatsheets/.

Tab. 5.4 Iterative Entwicklung einer komplexen Graphik in R. Neu hinzugefügte Bestandteile sind jeweils fett markiert

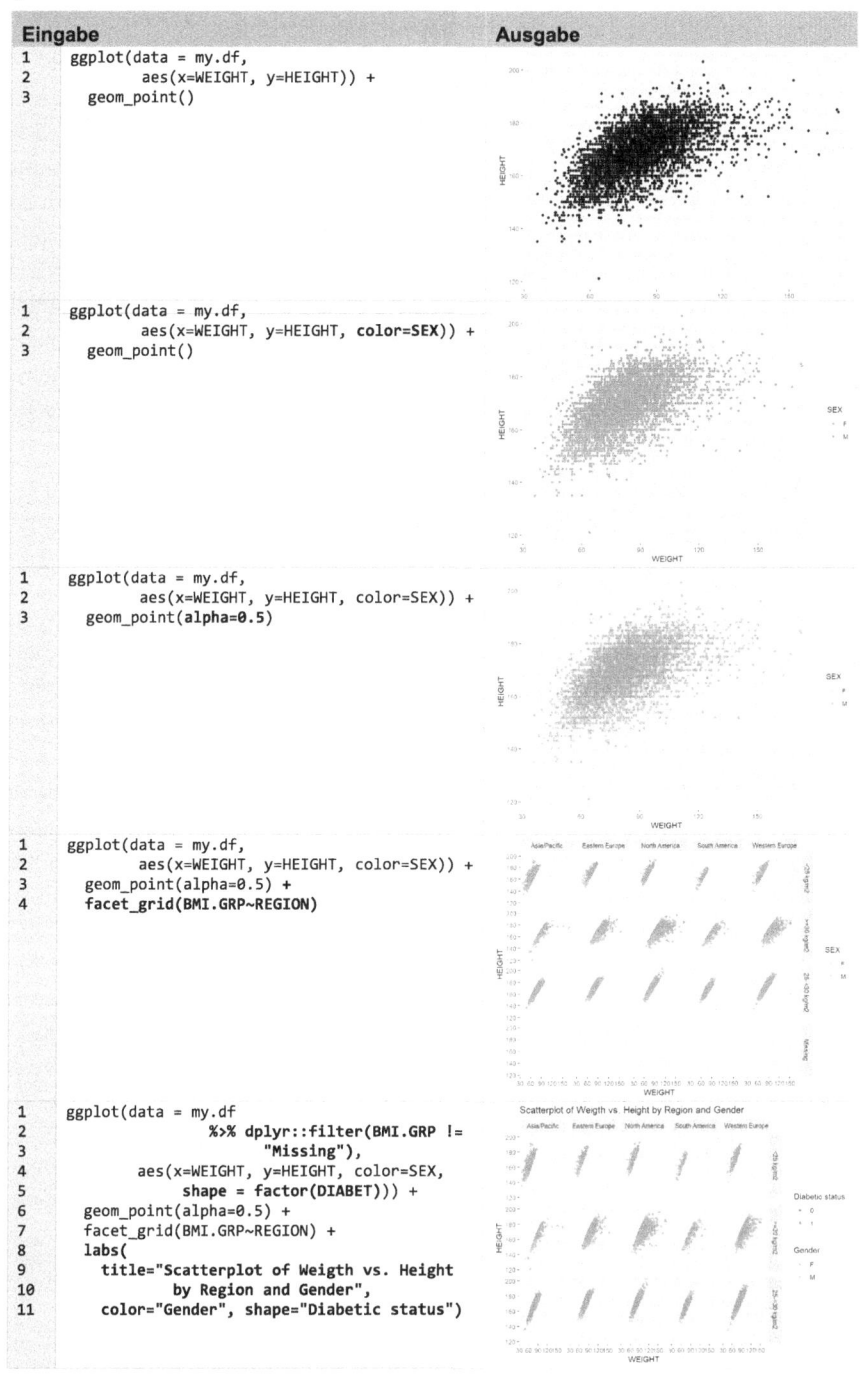

Eingabe	Ausgabe
1 `ggplot(data = my.df,` 2 `        aes(x=WEIGHT, y=HEIGHT)) +` 3 `geom_point()`	
1 `ggplot(data = my.df,` 2 `        aes(x=WEIGHT, y=HEIGHT, color=SEX)) +` 3 `geom_point()`	
1 `ggplot(data = my.df,` 2 `        aes(x=WEIGHT, y=HEIGHT, color=SEX)) +` 3 `geom_point(alpha=0.5)`	
1 `ggplot(data = my.df,` 2 `        aes(x=WEIGHT, y=HEIGHT, color=SEX)) +` 3 `geom_point(alpha=0.5) +` 4 `facet_grid(BMI.GRP~REGION)`	
1 `ggplot(data = my.df` 2 `                %>% dplyr::filter(BMI.GRP !=` 3 `                                   "Missing"),` 4 `        aes(x=WEIGHT, y=HEIGHT, color=SEX,` 5 `            shape = factor(DIABET))) +` 6 `geom_point(alpha=0.5) +` 7 `facet_grid(BMI.GRP~REGION) +` 8 `labs(` 9 `  title="Scatterplot of Weigth vs. Height` 10 `         by Region and Gender",` 11 `  color="Gender", shape="Diabetic status")`	

dies anhand einer komplexen Matrix-Grafik. Wichtig dabei ist, dass jeder einzelne Schritt aus Tab. 5.4 zusammen mit den Teilnehmenden ausgeführt wird. Dies bietet gleich zwei Vorteile. Zum einen ist der Beitrag jedes einzelnen Befehls klar ersichtlich. Es wird sozusagen die zugrundeliegende Grammatik intuitiv verstanden. Zum anderen bleibt der komplexe Code der finalen Grafik immer noch verständlich. Das abschließende Ergebnis war stets an eine realistische Fragestellung angelehnt und kann als management- oder publikationstauglich bezeichnet werden. Dies war Grundgedanke unseres On-the-Job Trainings, und wir konnten so auch zeigen, was in R alles möglich ist. Aus unserer Erfahrung heraus wussten wir auch, dass die einfache Erstellung überzeugender Ergebnisse die Erwartungshaltung einiger Teilnehmer an R war und dies häufig die grundlegende Motivation war, die Programmiersprache R überhaupt zu erlernen. Selbst wenn es einigen Teilnehmenden nicht möglich war, diese Beispiele bis zuletzt nachzuvollziehen, so können die erzielten Ergebnisse als Motivation dienen, den vollständigen Code in Heimarbeit nachzuvollziehen und gegebenenfalls auf die eigenen Fragestellungen anzupassen.

5.4 Diskussion und Ausblick

Durch den in Kap. 3 beschriebenen Werkzeugkasten an Methoden war es uns möglich, viele Aspekte, die normalerweise in einem R Training behandelt werden, auszusparen und uns auf fortgeschrittenere Elemente und Konzepte zu konzentrieren. Die Teilnehmenden bekamen direkt eine paket-basierte Herangehensweise an R vermittelt, in der das Tidyverse unverzichtbar ist, ohne Zeit auf historische Entwicklungen zu verwenden. Dadurch ist es uns gelungen, den Kurs bei gleichbleibender Qualität von zuvor neun Einheiten im Jahr 2016 auf vier Einheiten im Jahr 2019 zu reduzieren. Der aktuelle Kurs kann in drei Blöcken zu jeweils 90 min vermittelt werden. Entscheidend für unsere jetzige Struktur war, dass die Teilnehmenden mit den statistischen Methoden und Fachbegriffen vertraut waren. Der Kurs hatte ebenfalls die Erwartungshaltung, dass die Teilnehmenden nach Beendigung des Kurses die für ihre Anwendung relevanten Befehle im Internet, den Paketdokumentationen oder den R Studio Schummelzettel recherchieren, verstehen und anwenden können. Das im Training erworbene Wissen zur Grammatik von R ermöglichte es den Teilnehmenden, diese Ressourcen miteinander zu kombinieren und publikationsreife Ergebnisse selbst hervorzubringen.

Die Programmiersprache R eignet sich auch ganz hervorragend dazu, in einer motivierenden und interaktiven Weise Grundlagen statistischer Methoden zu vermitteln. Dies war nicht das Ziel unserer Veranstaltung. Für diesen Zweck eignen sich besonders interaktive Darstellungen, welche in R mithilfe des R Pakets ‚shiny' erzeugt werden können. Diese Anwendungsmöglichkeit haben wir im vorherigen Buch dieser Reihe ‚Zeig mir mehr Biostatistik!' im ersten Kapitel, besprochen.

Weiterhin gibt es auch Bemühungen, ganze Statistikvorlesungen durch interaktive Lernmodule basierend auf R zu ersetzen. Diese verfolgen das Ziel, statistische

Grundlagen verbunden mit Übungen in der Programmiersprache R Hand-in-Hand zu erarbeiten. Uns bekannt sind hier die kostenlose R Studio Cloud[3] und, mit einer stärker spielerischen Komponente, die ‚Teacups Giraffes and Statistics'[4]. Beide Projekte sind kostenlos nutzbar, befinden sich jedoch noch im Aufbau und sind bisher nur in englischer Sprache verfügbar. Der momentane Stand ist bereits sehenswert und die dort präsentierten Konzepte können sicher auch in Lehrveranstaltungen zu R oder Statistik Anwendung finden.

Anhang

Folgende elektronische Materialien zu diesem Beitrag finden Sie online:

- Trainingseinheit 1
  - R Markdown Dokument zu Einführung in R
  - PDF Dokument zu Einführung in R
- Trainingseinheit 2
  - R Markdown Dokument zur R Syntax
  - PDF Dokument zur R Syntax
- Trainingseinheit 3
  - R Markdown Dokument zu deskriptiven Statistiken und Graphiken
  - PDF Dokument zu deskriptiven Statistiken und Graphiken
- Trainingseinheit 4
  - R Markdown Dokument zum statistischen Testen und Modellierung
  - PDF Dokument zum statistischen Testen und Modellierung
- Beispieldatensatz

Literatur

Vonthein R, Burkholder I, Muche R, Rauch G (Hrsg) (2017) Zeig mir mehr Biostatistik! Springer, Heidelberg

---

[3]Verfügbar über https://rstudio.cloud/.
[4]Verfügbar über https://tinystats.github.io/teacups-giraffes-and-statistics/.

Biostatistik trifft auf OMICS

Entwicklung und Implementierung eines interdisziplinären Lehrmoduls

Theodor Framke und Anika Großhennig

6.1 Einleitung

Die Medizinische Hochschule Hannover (MHH) bietet neben den klassischen Studiengängen Human- und Zahnmedizin auch noch eine Vielzahl weiterer Bachelor- und Masterstudiengänge im Gesundheitsbereich an. So gibt es beispielsweise für Studierende aus dem Bereich der Biowissenschaften Masterstudiengänge für Biomedizin und Biochemie. Für die Etablierung eines studiengangsübergreifenden Moduls mit dem Titel „Biostatistik im Zeitalter von Omics-Techniken und Big Data" konnten 2018 erfolgreich Mittel im Förderprogramm „Qualität plus – Programm zur Entwicklung des Studiums von morgen" des Niedersächsischen Ministeriums für Wissenschaft und Kultur eingeworben werden. Nach der Planung im Wintersemester 2018/2019 wurde das Modul im Sommersemester 2019 erstmalig angeboten und evaluiert.

An der Planung und Durchführung des Moduls sind mehrere Einrichtungen der MHH beteiligt. Der Bereich Biostatistik stellt hier einen großen Anteil des Moduls dar. Aus diesem Grund sollen hier die Schwerpunkte bei der Planung und Durchführung des Moduls vorgestellt und diskutiert werden. Darüber hinaus möchten wir einen kurzen Einblick darüber geben, wie wir die Herausforderungen, die sich im Rahmen der Umsetzung im Sommersemester 2020 aufgrund des COVID-19 Pandemie ergeben haben, angehen.

T. Framke (✉) · A. Großhennig
Medizinische Hochschule Hannover, Institut für Biometrie, Hannover, Deutschland
E-Mail: framke.theodor@mh-hannover.de

A. Großhennig
E-Mail: grosshennig.anika@mh-hannover.de

Das Modul „Biostatistik im Zeitalter von Omics-Techniken und Big Data" richtet sich an Studierende der beiden Master-Studiengänge Biochemie und Biomedizin, findet im Sommersemester statt und ist ein Wahlpflichtfach. Insgesamt ist eine Teilnehmerzahl von maximal 20 Personen vorgesehen. Der Umfang beträgt 2 Semesterwochenstunden (SWS) für die Vorlesung und 2 SWS für das Praktikum. Insgesamt sind 6 Leistungspunkte vorgesehen. Neben der wöchentlich stattfindenden Vorlesung wird das Praktikum als 2-wöchiges Blockpraktikum durchgeführt. Die Veranstaltung schließt mit einer elektronischen Klausur im Multiple-Choice Format. Aufgrund der unterschiedlichen Bachelorprogramme, die die Studierenden vor dem Masterprogramm durchlaufen, ist das statistische Vorwissen heterogen. Wenn wir zu Beginn nach den Kenntnissen im Bereich (Bio-)Statistik fragen, geben die Studierenden teilweise an „kein Vorwissen" zu haben. In der Regel wurde im vorangegangenen Bachelor zumindest eine Veranstaltung mit Bezug zu statistischen Themen absolviert. Da der Bachelor aber auch an unterschiedlichen Einrichtungen erworben werden kann, variiert das Vorwissen.

Inhaltlich wird die Veranstaltung neben dem Institut für Biometrie durch weitere Institute gestaltet. Diese verfügen entsprechend über eine ausgewiesene Expertise in den verschiedenen Omics Bereichen. Die Idee des Moduls ist, dass die Studierenden einen Einblick in alle Omics-Bereiche erhalten, beginnend mit den grundlegenden Daten kompletter Genome *(Genomics),* über die aus der genetischen Information abgelesenen RNA-Produkte *(Transcriptomics)* und die gebildeten Proteine und Kohlenhydratverbindungen *(Proteomics* und *Glycomics)* bis hin zur Betrachtung des kompletten Stoffwechsels *(Metabolomics).* Die Kompetenzen, die die Studierenden zur Planung und Auswertung der Experimente in den einzelnen Bereichen, im Laufe des Moduls entwickeln sollen, werden im Rahmen der Vorlesungen und Praktika vermittelt.

Ein wesentlicher Punkt des Projektantrags war die Etablierung neuer Lehrformate. Im ersten Jahr 2019 haben zunächst die Festlegung der inhaltlichen Punkte und die Abstimmung der Themen untereinander stattgefunden, sodass die Lehre im weitgehend „klassischen" Vorlesungsstil durchgeführt wurde. Für die Folgejahre 2020 und 2021 ist nach dieser inhaltlichen Festlegung das schrittweise Testen und Etablieren neuer Lehrformate vorgesehen.

Die Vorlesung hat aufgrund der kleinen Teilnehmerzahl im Sommersemester 2019 in einem Seminarraum stattgefunden. Das Blockpraktikum fand in einem Computerraum der MHH statt. Im laufenden Sommersemester 2020 ist aufgrund der COVID-19 Pandemie und der damit einhergehenden Kontaktbeschränkungen bislang keine Präsenzveranstaltungen im herkömmlichen Sinne möglich, sodass die Vorlesungen bislang ausschließlich in einem online-basierten Rahmen stattfinden.

Nachfolgend stellen wir zunächst Inhalte des Wahlpflichtmoduls vor. Es folgt die Erläuterung mehrerer methodischer Ansätze, die wir im Rahmen einer zunehmenden Digitalisierung der Lehre durchgeführt haben. Eine abschließende Diskussion und ein kurzer Ausblick auf das noch kommende Studienjahr beenden unsere Darlegungen. Dabei beschränken wir uns in den Ausführungen auf die biostatistischen Anteile dieses Wahlpflichtfachs.

6.2 Biostatistische Lernziele und Inhalte des Moduls

Die übergeordneten Kompetenzen, die innerhalb dieses Moduls erworben werden sollen ist, die Studierenden nach erfolgreichem Abschluss des Moduls in der Lage zu versetzen (Modulkatalog für den Masterstudiengang Biomedizin 2019):

1. Omics Experimente selbstständig zu planen und dabei Eckpunkte wie Probenzahl, Probengewinnung, Hypothesen/Forschungsfragestellungen, darauf aufbauendes statistisches Auswertungskonzept und anfallende Kosten zu berücksichtigen
2. Die generierten Daten mit grundlegenden biostatistischen Verfahren auszuwerten zu interpretieren und zu beurteilen
3. Bioinformatische und statistische Programme zu benutzen, die Ergebnisse zu interpretieren und daraus Schlüsse und Folgerungen zu ziehen

Im Verlauf des Moduls werden die Lerninhalte zur Biostatistik in drei Abschnitten vermittelt. Zu Beginn des Moduls werden mit den Studierenden in 4 Vorlesungen (Zeitumfang: jeweils 1,5 h) die Grundlagen zum Schätzen und Testen wiederholt und vertieft. Außerdem werden insbesondere statistische Verfahren, die bei der Auswertung von Omics-Experimenten eine Rolle spielen eingeführt (z. B. Verfahren zur Adjustierung für multiples Testen).

Im zweiten Teil sollen sich die Studierenden, im Rahmen des Blockpraktikums, mit der praktischen Umsetzung der methodischen Aspekte in der Software R, die sie im ersten Teil erlernt haben auseinandersetzen (Zeitumfang: 2 Tage mit jeweils 2 mal 1,5 h). Zum Ende des Blockpraktikums erhalten die Studierenden kleine Aufgaben aus allen Themengebieten des Moduls, die Sie in Kleingruppen von 2–3 Studierenden gemeinsam erarbeiten und kurz vorstellen.

Die letzten drei Vorlesungen des Moduls bilden dann den dritten Abschnitt für das Themengebiet Biostatistik, in dem dann Inhalte zur konkreten Planung von Experimenten mit Biomarkern und die Auswertung von großen Datensätzen vermittelt werden.

Aufgrund der kleinen Studierendenanzahl, werden die Vorlesungen nicht als klassische Vorlesungen gehalten, sondern die Lerninhalte mit den Studierenden auf Basis von Powerpointfolien und kleineren Aufgaben erarbeitet, sodass die Vorlesungen eher Seminarcharakter haben. Eine Übersicht über die spezifischen Lernziele und Lerninhalte ist in Tab. 6.1 dargestellt.

Da eine ausführlichere Vermittlung in die Grundlagen der (Bio-)statistik im Rahmen des Moduls nicht möglich ist, verweisen wir in unseren Lernmaterialien auf die Lektüre von Artikeln mehrere Artikelserien, anhand derer die Studierenden sich zwischen den einzelnen Vorlesungen vertiefendes Wissen aneignen können:

Tab. 6.1 Übersicht zu den biostatistischen Lernzielen und -inhalten des Models

	Thema	Lernziele	Lerninhalte	Zeit-umfang
VL 1	Ein erster Rundumschlag zur deskriptiven Statistik	• Merkmale klassifizieren können • Deskriptive Statistiken in Abhängigkeit vom Messniveau verstehen und interpretieren können • Prinzipien guter Graphiken kennen • Wissen, was eine Verteilung darstellt	• Messniveaus von Daten • Deskriptive Statistiken (Lage- und Streuungsmaße) • Boxplot, Histogramm und Balkendiagramm • Normalverteilung, neg. Binomialverteilung	1 × 1.5 h
VL 2	Einführung Interenzstatistik	• Verstehen, wie induktiv Rückschlüsse von Stichprobe auf Grundgesamtheit gezogen werden • Aufstellen einer Null- und Alternativhypothese • Konfidenzintervalle interpretieren können • Grundlegende statistische Testverfahren kennen	• Grundgesamtheit und Stichprobe • Prinzipien des statistischen Schätzens und Testens • Übersetzung biologischer/medizinischer Hypothesen in statistische Hypothesen • Fehler 1. und 2. Art • Konstruktion und Interpretation von Konfidenzintervallen für t-Test und Ratentest • Verbundene vs. unverbundene Tests	1 × 1.5 h
VL 3	Anwendung von statistischen Tests im OMICS-Bereich	• Multiplizitätsproblem erkennen können • Lösungsmöglichkeiten für den Umgang mit großer Anzahl von Tests kennen	• Konzept p-Wert • Multiples Testen • False Discovery Rate (FDR) vs. Familywise Error Rate (FWER) • Vergleich von Strategien zum Umgang mit dem Multiplizitätsproblem (co-primäre Endpunkte, Hierarchisierung, Bonferroni, Bonferroni-Holm, Benjamini-Hochberg)	1 × 1.5 h

(Fortsetzung)

Tab. 6.1 (Fortsetzung)

	Thema	Lernziele	Lerninhalte	Zeit-umfang
VL 4	Anwendung von statistischen Verfahren im OMICS-Bereich	• wichtige statistische Testverfahren für dichotome und stetige Endpunkte kennen lernen • Ergebnisse einer Hauptkomponentenanalyse interpretieren können	• Chi-Quadrat Test • Fischer's exakter Test • ANOVA • Hauptkomponentenanalyse, Biplot und Scree-Plot	1 × 1.5 h
PK 1 PK 2	Biostatistik mit R	• Sich selbständig in den Programmen R-Studio und R zurechtfinden • Eigenständig mit R einige wichtige statistische Analyseverfahren durchführen können • Die Ergebnisse, die R liefert, verstehen und interpretieren können.	• Einführung in R, Datenmanagement und deskriptive Statistik mit R • R-Pakete zur Auswertung von Omics-Experimenten • Statistische Tests mit R, • Umsetzung von Strategien zum multiplen Testen mit R, • Umgang mit fehlenden Werten	2 × 1.5 h 2 × 1.5 h
PK 8	Abschluss Blockpraktikum	• Selbständig OMICS-Experiment auswerten und interpretieren können	• Vertiefung der Inhalte aus dem Blockpraktikum • Eigenständige Vorstellung der erarbeiteten Lösung • Klausurvorbereitung	2 × 1.5 h
VL 12	Einführung Fallzahlplanung	• Verständnis der Zusammenhänge zwischen Stichprobenumfang, Güte, Fehler 1. Art und Variabilität	• Zusammenhang zwischen Stichprobenumfang und Breite des Konfidenzintervalls • Güte • Faustformeln für die Fallzahlplanung, unbalancierte Gruppen	1 × 1.5 h

(Fortsetzung)

Tab. 6.1 (Fortsetzung)

	Thema	Lernziele	Lerninhalte	Zeit-umfang
VL 13	Validierung von Biomarkern	• Bedeutung und Unterschiede von prognostischen und prädiktiven Biomarkern verstehen • Studiendesigns zur Validierung von Biomarkern kennen • Ergebnisse von Diagnosestudien mit Biomarkern interpretieren können	• Übersicht zu klinischen Studien und Biomarker in der Arzneimittelforschung • Studiendesigns zur Validierung von Biomarkern • Diagnosestudien mit Biomarkern (Sensitivität, Spezifität, Cutpoint-Bestimmung, ROC-Kurven)	1 × 1.5 h
VL 14	Big Data – viel hilft viel?	• Chancen und Grenzen von Big Data Analysen einordnen • kritisches Einordnen von „Big Data" im Kontext von guter Versuchsplanung	• Sind große Datenmengen gleichbedeutend mit großer Qualität? • Hypothesen- und annahmefreie Forschung vs. kontrollierte und klar umrissene Forschung/Fragestellungen • Unstrukturierte Datensammlungen und Datenqualität	1 × 1.5 h

VL: Vorlesung, *PK*: Praktikum

- Eine im Jahr 2007 erschienene Statistik-Serie in der Deutschen Medizinischen Wochenschrift (DMW), abrufbar unter https://www.thieme-connect.com/products/ejournals/issue/10.1055/s-002-6753
- *Statistics Notes* aus dem Britisch Medical Journal (BMJ). Die meist ein bis zweiseitigen Artikel wurden hauptsächlich von Douglas Altman und Martin Bland geschrieben wurden und sind abrufbar unter https://www.bmj.com/specialties/statistics-notes
- Die Serie *Bewertung wissenschaftlicher Publikationen* im Deutschen Ärzteblatt, abrufbar unter https://www.aerzteblatt.de/dae-plus/serie/35/Bewertung-wissenschaftlicher-Publikationen

Hier ist nicht gefordert, dass alle Artikel einer Serie gelesen werden, allerdings lässt sich bei bestimmten Themen gezielt auf einzelne Artikel verweisen. Insgesamt sind die Artikel relativ einfach lesbar und damit auch Fachfremden leichter zugänglich, sodass sie sich für einen Überblick gut eignen. Studierende mit wenig Grundkenntnissen können entsprechend in der Vor- und Nachbereitung der Vorlesung Basiswissen im Bereich Biostatistik auffrischen und ergänzen.

In der Planungsphase der Lehrveranstaltung musste auch eine Entscheidung für eine Software zur Durchführung der statistischen Analysen getroffen werden, die im Rahmen des Blockpraktikums zur Vertiefung der Biostatistik Inhalte genutzt werden sollte. Wir haben uns mit der Software R für ein frei verfügbares Softwarepaket ohne Lizenzkosten entschieden (R Core Team 2020), dass die Studierenden nicht nur für statistische Auswertung, sondern auch für die Aufbereitung der Rohdaten nutzen können. Ferner finden sind in R eine Vielzahl an zusätzlichen Paketen verfügbar, insbesondere auch für Omics-Anwendungen. Darüber hinaus kann die Software R auch außerhalb des Omics-Bereichs genutzt werden, da es viele Anwendungen und Funktionen für sehr viele unterschiedliche Analyseverfahren gib. Weitere, in den Seminaren verwendete Softwareprogramme, sind u. a. MassLynx, MaxQuant, Perseus, Sciex Marker View, Skyline, Integrative Genomics Viewer und Metaboanalyst. Da die Datenmengen in den Omics-Disziplinen meist sehr umfangreich sind, sind prinzipiell ausreichend große Festplatten und Arbeitsspeicher von großer Bedeutung. Jedoch haben wir für das Blockpraktikum die Beispieldatensätze so reduziert, dass sie auch auf Standard PCs gut handhabbar sind.

Zur Verbesserung der Anschaulichkeit und um den Praxisbezug zu realen Omics-Experimenten, nutzen wir zur Erläuterung der Methodik in der Vorlesung hauptsächlich publizierte Studien. Auch bieten sich frei verfügbare Datensätze aus einem Teil dieser Publikation zur Analyse im Blockpraktikum an. Unter anderem nutzen wir Beispiele publizierter Studien (Schmidt 2008; Forno 2017). Hierbei ist anzumerken, dass wir immer wieder nach neuen Beispielen suchen um die Inhalte zu vermitteln. So recherchieren wir aktuell noch nach COVID-19 Studien, die wir im Rahmen des Blockpraktikum und im letzten Teil der Vorlesungen mit den Studierenden anschauen und diskutieren können.

6.3 Methodische Hilfsmittel bei der Digitalisierung der Lehre

6.3.1 Einsatz von eduVote

Bei eduVote handelt es sich um ein sogenanntes Audience Response System, mit dessen Hilfe bei (Lehr-)Veranstaltungen Fragen beantwortet und die Ergebnisse sofort angezeigt werden können (https://www.eduvote.de/). Meistens kommen hier Multiple Choice Fragestellungen zur Anwendung. Die Firma stellt hier sowohl ein PowerPoint Add-In als auch eine App für gängige mobile Betriebssysteme (Android, iOS) zur Verfügung. So lassen sich auf einer Vorlesungsfolie eine Frage und mehrere mögliche Antwortmöglichkeiten anzeigen und die Abstimmung beginnen. Das Auditorium kann dann zeitgleich über das Mobiltelefon oder browserbasiert nach Eingabe einer ID ganz einfach anonym abstimmen. Zur Vereinfachung des Zugangs ist auch das Erstellen eines individuellen QR-Codes möglich. Nach Beendigung der Abstimmungsphase lassen sich die Ergebnisse sofort als Säulendiagramm visualisieren. Eine Beispielfrage und deren Ergebnis ist in Abb. 6.1 dargestellt.

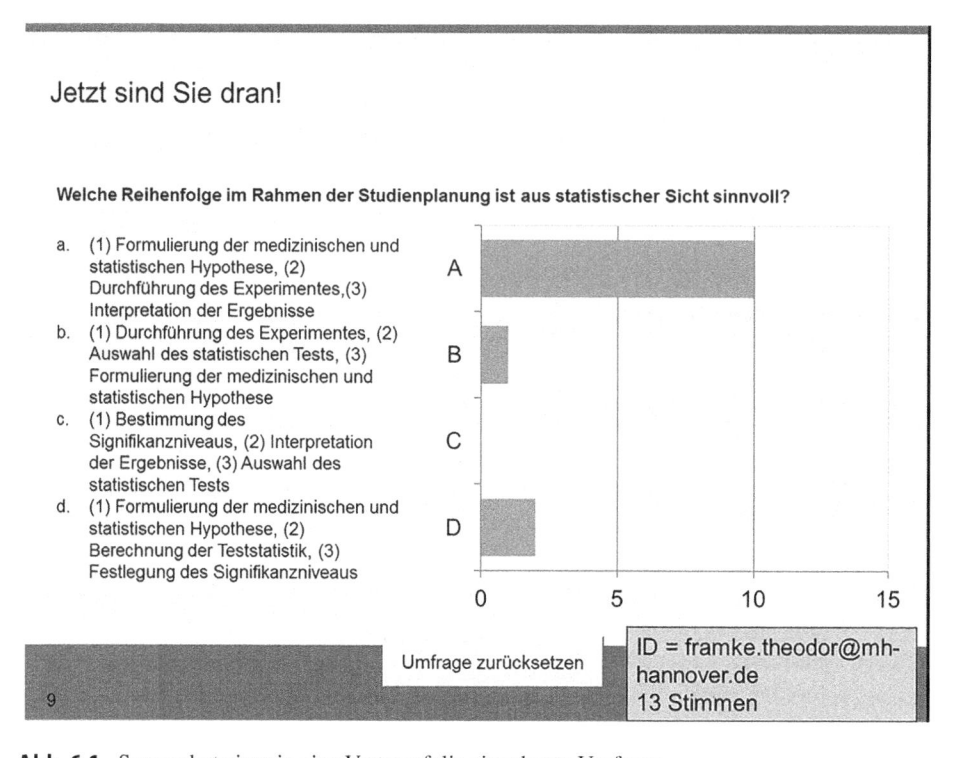

Abb. 6.1 Screenshot einer in eine Vortragsfolie eingebaute Umfrage

6.3.2 Digitale Bereitstellung von Unterrichtsmaterialien

Die Medizinische Hochschule Hannover nutzt seit 2006 Jahren mit dem System ILIAS (https://www.ilias.de/), eine zentrale eLearning-Plattform bzw. Lernmanagementsystem für Studium und Lehre. Es lassen sich auf der Plattform unkompliziert Dateien oder Weblinks hochladen oder anzeigen. Darüber hinaus können auch eine Vielzahl von Objekten, z. B. Glossare, Lernmodule, Tests oder Wikis erstellt werden. Neben der Bereitstellung der PDF-Datei der Vorlesungsunterlagen über das System, haben wir uns dazu entschieden vor bzw. nach den Vorlesungen einen freiwilligen Test mit je 10 Fragen zu stellen. Für das Objekt „Test" stehen eine Vielzahl von Einstellungsmöglichkeiten zu Verfügung: zeitliche Verfügbarkeit des Tests, feste vs. zufällige Wiedergabe der Fragen, Einschränkung des Teilnehmerkreises, Zurückstellen von Fragen, etc. Da die Klausur nach einem ähnlichen Prinzip arbeitet, lässt sich somit ein vorlesungsbegleitendes Klausurtraining einfach umsetzen. Außerdem können wir anhand der Testergebnisse einfach überprüfen, welche Lerninhalte verstanden sind und bei welchen Lerninhalten noch einmal zusätzliche Erläuterungen erforderlich sind. Dies ist vor allem bei einer Online-Vorlesung hilfreich, bei der der Lehrende, da er i. d. R. neben der Präsentation nicht alle Studierenden im Blick behalten kann, durch die Testergebnisse eine zeitnahe Rückmeldung zum Kenntnisstand der Studierenden zu konkreten Inhalten erhält. Um den Anreiz an der Teilnahme zu erhöhen haben wir uns zu einer anonymen Testdurchführung entschieden, d. h. dass die Namen der teilnehmenden Personen unbekannt bleiben. Eine Beispielfrage findet sich in Abb. 6.2.

Die zusätzlichen Aufgaben, die wir den Studierenden nach den ersten Vorlesungen zur Verfügung gestellt haben, wurden bisher gut angenommen. Fast alle Studierenden haben die Tests genutzt und mit guten oder sehr guten Ergebnissen absolviert. Es wurde aber auch von der Möglichkeit Gebrauch gemacht, eine bestimmte Aufgabe noch einmal mit dem Dozierenden ausführlich nachzubesprechen.

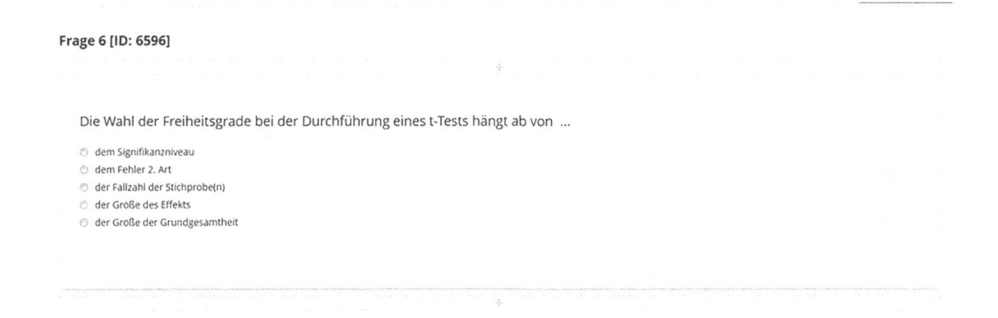

Frage 6 [ID: 6596]

Die Wahl der Freiheitsgrade bei der Durchführung eines t-Tests hängt ab von …

○ dem Signifikanzniveau
○ dem Fehler 2. Art
○ der Fallzahl der Stichprobe(n)
○ der Größe des Effekts
○ der Größe der Grundgesamtheit

Abb. 6.2 Beispielhafte Anzeige einer Frage innerhalb der ILIAS Plattform

6.3.3 Klausur

Für die Klausur wurde die Q[kju:]-Online Klausur-Plattform der MHH benutzt, die im Bereich der Humanmedizin etabliert ist. Es handelt sich dabei um ein Angebot der IQuL GmbH (http://www.q-exam.net/), die die technische Abwicklung der Klausuren vornimmt.

Es lassen sich bei der Erstellung verschiedene Fragetypen auswählen, z. B. Multiple Choice (Einfachauswahl), Freitextfragen, Lückentext-Fragen, oder Bilddiagnose-Fragen. Für die Klausur wurden 45 Aufgaben als Einfachauswahl gestellt, d. h. es gilt bei einer Frage mit fünf Antwortmöglichkeiten die richtige Lösung anzukreuzen. Pro Frage kann ein Punkt erreicht werden, sodass sich in der Summe eine maximal mögliche Anzahl von 45 Punkten ergibt. Inhaltlich enthält die Klausur jeweils 6 Fragen aus dem einzelnen Omics-Bereichen und 15 Prüfungsfragen zu den Inhalten der Biostatistik. Als Zeit sind 90 min vorgegeben.

Es gibt auch Vorbehalte gegenüber diesem elektronischen Prüfungsformat, z. B. dass die individuelle Beantwortung von Aufgaben verloren geht, dass das Prüfungsformat sehr starr ist und die Entwicklung von Lösungswegen ggf. nicht geprüft werden kann. Wenn Multiple Choice Aufgaben gestellt werden, gibt es eine Reihe von Punkten zu beachten. Die Aufgaben sind idealerweise in einen Kontext eingebunden und müssen so klar gestellt sein, dass sie mit den angebotenen Lösungsmöglichkeiten auch eindeutig zu beantworten sind. Auch muss vermieden werden, dass sich aus der Formulierung der Antworten unbeabsichtigte Lösungshinweise ergeben.

Im Folgenden soll kurz beleuchtet werden, wie wahrscheinlich es ist, eine solche Klausur ohne Wissen trotzdem zu bestehen. Dazu kann man annehmen, dass bei jeder Frage mit je fünf Antwortmöglichkeiten eine Erfolgswahrscheinlichkeit für das Erraten der richtigen Lösung von $p = 0.2$ vorliegt. Insgesamt liegen aber 45 zu beantwortende Fragen vor, sodass man hier eine Binomialverteilung *Bin*(45; 0.2) zur Berechnung heranziehen kann. Wenn X die Anzahl der erreichten Punkte angibt und die Bestehensgrenze bei 23 Punkten ($\geq 50\%$) liegt, dann gilt: $P(X \geq 23) = 3.3e\text{-}06$. Kurzum: Ein Bestehen ohne Vorwissen wäre extrem unwahrscheinlich, der Sachverhalt wird auch in Abb. 6.3 aufgegriffen und visualisiert.

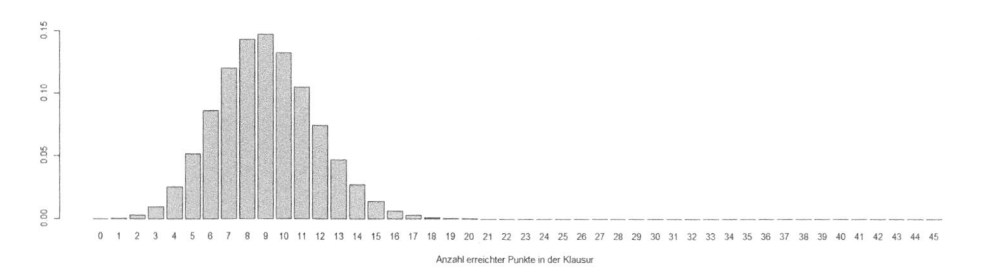

Abb. 6.3 Wahrscheinlichkeiten eines Binomialmodells mit $n = 45$ und $p = 0.2$

Etwas zeitaufwendig ist das Eingeben der Fragen auf der Prüfungsplattform. Dies relativiert sich aber, da die Korrektur der Klausur umso schneller stattfindet und die Prüfungsergebnisse direkt nach Beendigung zur Verfügung stehen. Auch werden direkt Auswertungen der Ergebnisse angeboten.

Im Sommersemester 2019/2020 haben insgesamt 13 Studierende an der Klausur für das hier vorgestellte Modul teilgenommen und das Notenspektrum reichte von 1.3 bis 3.7.

6.3.4 Verwendung von interaktiven Darstellungen mit Shiny

Eine in den letzten Jahren immer populärer gewordene Art der interaktiven Darstellung von Daten oder anderen Sachverhalten ist mit dem R Paket „shiny" möglich (https://cran.r-project.org/web/packages/shiny/index.html). Dieses R Paket erlaubt eine plattformunabhängige Darstellung in einem Browser und ist somit für die Anwendung in der Lehre sehr interessant. In Abb. 6.4 ist beispielhaft eine interaktive Darstellung der Normalverteilung gezeigt, hierzu kann man die Parameter µ und σ wählen und die Dichtefunktion wird direkt angezeigt. Zusätzlich können optional der kritische Bereich in der Grafik und darunter die kritischen Werte angezeigt werden. Im Gegensatz zu Lehrbüchern, die nur eine statische Grafik anzeigen, werden die Studierenden eingeladen, hier selber Werte anzugeben und so die Verteilung besser kennenzulernen. Grundsätzlich gibt es zwei Möglichkeiten der Veröffentlichung; entweder über die Erstellung eines Accounts bei https://www.shinyapps.io/ oder man betreibt einen eigenen Server. Zahl-

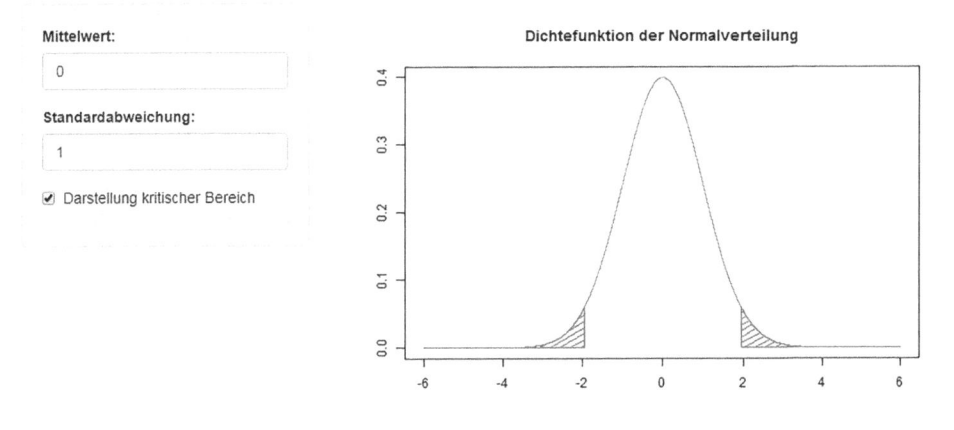

Abb. 6.4 Screenshot einer shiny-Anwendung zur Darstellung von Normalverteilungen

reiche Beispiele und eine umfängliche Dokumentation befinden sich unter https://shiny.rstudio.com/.

Die dargestellte Beispiel-Anwendung zur Normalverteilung ist aktuell in der Entwicklung. Daher ist der R-Code noch nicht öffentlich verfügbar, kann aber gerne zu einem späteren Zeitpunkt von den Autoren angefordert werden.

6.3.5 Einsatz von Videokonferenz-Software

Da auch nach Ende der COVID-19 Krise der Einsatz von Videokonferenz Software sicher weiterhin gefragt sein wird, beschreiben wir im Folgenden kurz unsere Erfahrungen mit verschiedenen Systemen hinsichtlich des Einsatzes in der Lehre. Bei allen Digitalisierungsbestrebungen haben wir uns von der Überlegung leiten lassen, den Kontakt mit den Studierenden nicht zu verlieren, einen Dialog bei der Lehre beizubehalten und somit einen Austausch zu ermöglichen. Daher ist der Einsatz eines Videokonferenzsystems im laufenden Sommersemester 2020 unumgänglich. Die folgenden drei Systeme haben bei der Auswahl zur Verfügung gestanden:

- DFNconf, erreichbar unter https://www.conf.dfn.de/
- Zoom, erreichbar unter https://zoom.us/
- Microsoft Teams, erreichbar unter https://www.microsoft.com/de-de/microsoft-365/microsoft-teams/group-chat-software

Bei DFNconf handelt es sich um ein Angebot des DFN-Vereins für die Nutzung im Wissenschaftsbereich und bietet die Möglichkeit, Video-, Audio- und Webkonferenzen durchzuführen. Da DFNconf durch die kurzfristige, hohe Nachfrage in Spitzenzeiten oft nicht die erforderlichen Kapazitäten zur Verfügung stellen konnte, haben wir uns gegen die Verwendung entschieden.

Bei Zoom handelt es sich um eine Videokonferenzsoftware, die auf den Unternehmensbereich zugeschnitten war und in der aktuellen Situation eine große Aufmerksamkeit erfährt. Die Software besticht durch ihre Einfachheit und die intuitive Nutzbarkeit. Da wir die Software an unserem Institut für Besprechungen nutzen, hat sich dann auch die Frage nach der Anwendbarkeit in der Lehre gestellt.

Bei Microsoft Teams handelt es sich um eine Software, die neben Videokonferenzen viele weitere Funktionen der Zusammenarbeit ermöglicht. Sie ist Teil der Microsoft Produktfamilie und integriert sich daher z. B. automatisch in Outlook, sodass sich darüber leicht Termine verschicken lassen.

Die Medizinische Hochschule Hannover hat sich im April 2020 recht kurzfristig für die Anschaffung für Microsoft Teams für den hochschulweiten Einsatz in der Lehre entschieden. Zunächst kommt die kostenlose Version 1.3 zum Einsatz, während in naher Zukunft ein Wechsel auf eine bezahlte Version mit weiteren Funktionen vorgesehen ist.

Darüber hinaus nutzen wir Zoom (kostenpflichtige Variante, Version 4.6.11) auch für Besprechungen außerhalb der Lehre.

Nachfolgend haben wir in Tab. 6.2 eine vergleichende Übersicht mit für uns relevanten Punkten für den Einsatz der Tools in der Lehre erstellt. Es ist zu beachten, dass die Übersucht nur einen Ausschnitt der verfügbaren Optionen abbildet und dass es durch Softwareaktualisierungen in der Zukunft zu Änderungen kommen kann.

Die Erfahrungen, die wir in Besprechungen und den Vorlesungen bis jetzt sammeln konnten, lassen sich wie folgt zusammenfassen:

- Beide Programme laufen relativ stabil. Verbindungsabbrüche sind vermutlich eher der Internetverbindung zuzuschreiben.
- Bei beiden Programmen gibt es eine Teilnehmerliste und eine Chat-Funktion.
- Zoom sortiert die Teilnehmerliste grundsätzlich nach Namen. Wenn jemand spricht, dann wird die Person nach oben geschoben.
- Wenn alle Teilnehmer die Videofunktion anschalten, lassen sich bei Zoom alle Videos in einer Übersicht anzeigen. Bei Teams haben wir das noch nicht gefunden, hier werden aktuell nur vier Teilnehmer gleichzeitig angezeigt, was wir als nicht so hilfreich empfinden.
- Ein Alleinstellungsmerkmal ist z. B. die Weichzeichnung des Hintergrunds. Für Vorlesungen aus dem Homeoffice kann dies eine interessante Möglichkeit sein.
- Die „Hand heben" Funktion in Zoom ist extrem hilfreich. Bei Teams existiert etwas Vergleichbares nicht, es soll aber im Laufe des Jahres ebenfalls eingeführt werden.

Insgesamt setzen Vorlesungen über eine Videokonferenzsoftware von allen Beteiligten eine gewisse Disziplin voraus und hier sollten zu Beginn Regeln für die Kommunikation aufgestellt werden, damit klar ist, ob und wenn ja wann Zwischenfragen oder Diskussionen möglich bzw. gewünscht sind.

Tab. 6.2 Vergleich von Zoom und Teams

	Zoom	Microsoft Teams
Video und Audio separat starten	Ja	Ja
Warteraum für Teilnehmer	Ja	Ja
Bildschirm teilen	Ja	Ja
Chat	Ja	Ja
Aufzeichnungen	Ja	Ja
Webkonferenz auch mit Telefoneinwahl	Ja	Nur in der kostenpflichtigen Version
Hintergrund ändern	Ja	Ja
Hand heben	Ja	Nein

Neben den drei hier diskutierten Tools für Videokonferenzen gibt es noch weitere Angebote wie z. B. BigBlueButton (https://bigbluebutton.org/), was hauptsächlich für online-basiertes Lernen entwickelt wurde, Cisco Webex Meetings (https://www.webex.com/de/index.html), GoToMeeting (https://www.gotomeeting.com/de-de), Jitsi (https://jitsi.org/), oder Skype (https://www.skype.com/de/).

6.4 Diskussion und Ausblick

Wir haben in diesem Beitrag methodische und didaktische Teile des Lehrkonzepts für ein Mastermodul für Biomedizin und Biochemie Studierende vorgestellt und uns dabei auf die Lerninhalte der Biostatistik beschränkt. Auch die Fachvertreter/-innen aus den anderen Teilgebieten tragen wesentliche Teile zur Digitalisierung bei und haben z. B. für das zweite Jahr Lehrvideos erstellt und auf der ILIAS Plattform zur Verfügung gestellt. Durch die Videokonferenzsoftware haben wir versucht, den Kommunikationsverlust zwischen Lehrenden und Studierenden bei der Durchführung im Vergleich zu einer Präsenzvorlesung zu minimieren. Trotzdem bleibt festzuhalten, dass doch weniger Kommunikation als ursprünglich erhofft stattgefunden hat. Die Bereitstellung der zusätzlichen Aufgaben ermöglicht, den Lernprozess der Studierenden zu verfolgen und gezielt Aufgaben noch einmal zu besprechen, bei denen es Probleme gab. Die Motivation der Studierenden ist vermutlich auch die gezielte Klausurvorbereitung.

Als eine weitere Herausforderung sehen wir aktuell die Durchführung des Blockseminars als Web-Seminar. Sollte auch hier keine Präsensveranstaltung möglich sein, müssten die Studierenden einen Großteil der Aufgaben sich im Selbststudium erarbeiten und wir könnten im Rahmen des Seminars nur Aufgaben besprechen und Fragen klären. Hilfestellungen bei Fehlersuche und Fehlerbehebung in den R-Programmen der Studierenden, die wir letztes Jahr im Rahmen des praktischen Teils direkt am Computer gegeben haben, sind aus unserer Sicht nur schwer umsetzbar. Dennoch ist bei der Software R von Vorteil, dass sie frei verfügbar ist, sodass eine Erarbeitung der Inhalte auch am eigenen PC möglich ist. Dies ist z. B. nicht bei allen Softwareprogrammen, die innerhalb des Blockpraktikums eingeführt werden, möglich.

Mit R liegt darüber hinaus ein universelles und bewährtes Tool vor, was Studierende nicht nur für Omics-Analysen einsetzen können, wobei vor allem die Erweiterungsfähigkeiten hervorzuheben sind. Als Ausblick für das kommende Studienjahr haben wir uns vorgenommen, noch weitere Inhalte über Shiny zu visualisieren und interaktiv zu gestalten.

Die maximale Teilnehmerzahl von 20 wurde in den ersten beiden Jahren nicht ausgeschöpft. Im ersten Jahr waren ca. 15–16 Personen regelmäßig anwesend, wovon sich 13 zum Abschluss mit der Klausur entschlossen haben. Im zweiten Jahr haben wir aktuell 11 regelmäßige Teilnehmer.

Wir sehen die Arbeit an diesem Modul als Chance, biostatistische Inhalte direkt mit der Anwendung zu verknüpfen. Als Nachteil muss festgehalten werden, dass der Umfang innerhalb des Moduls nur für Vermittlung von Basiswissen und einigen spezifischen Anwendungsmodellen reicht. Die Bearbeitung von komplexeren Verfahren ist aufgrund der Zeit und der heterogenen methodischen Ausgangslage der Studierenden schwierig. Da insbesondere bei der statistischen Auswertung von großen Omics-Experimenten eher komplexere Modelle erforderlich sind, ist auch eines unserer Ziele, den Studierenden zu vermitteln, wann sie sich gezielte biostatistische Unterstützung einholen sollten.

Die Beschreibung des neuen Lehrmoduls spiegelt zum derzeitigen Zeitpunkt einen Zwischenstand wider. Der Entwicklungsprozess des Moduls ist noch nicht abgeschlossen und verspricht bis zum nächsten Sommersemester noch einiges an neuen Ideen und Erkenntnissen.

Literatur

Modulkatalog für den Masterstudiengang Biomedizin, Stand November 2019. https://www.mhh.de/fileadmin/mhh/master-biomedizin/Sonstige_Dokumente/Modulkatalog_Maerz2020.pdf (abgerufen am 28.04.2020)

R Core Team (2020). R: A language and environment for statistical computing. R Foundation for Statistical Computing, Vienna, Austria. https://www.R-project.org/

Schmidt M et al (2008) The humoral immune system has a key prognostic impact in node-negative breast cancer. Cancer Res 68(13):5405–5413

Forno E et al (2017) A multiomics approach to identify genes associated with childhood Asthma risk and morbidity. Am J Respir Cell Mol Biol 57(4):439–447

Methoden zur Abwechslung, Auflockerung und Aktivierung in der (Biometrie-)Lehre

Was Landkarte, Koffer und Co. in der Lehre zu suchen haben

Carolin Herrmann

7.1 Einleitung

Medizinische Biometrie, auch unter Medizinischer Statistik bekannt, ist Lehrbestandteil verschiedener Studiengänge. Somit kommen nicht nur Studierende des Fachs Statistik oder aus einem Bereich der Health Data Sciences mit dem Fach in Berührung, sondern auch viele Studierende anderer Fachbereiche. Auch gibt es diverse sekundäre Studiengänge im Bereich der Lebenswissenschaften, die Aspekte Medizinischer Biometrie behandeln.

Ein großer Vorteil der Lehre in den sekundären Studiengängen ist die intrinsische Motivation der Studierenden und deren Kenntnisse aus den Lebenswissenschaften. Nichtsdestotrotz scheint die Medizinische Biometrie nicht in erster Linie zu ihren Lieblingsfächern zu zählen und für Dozierende besteht außerdem häufig die Herausforderung, große Blockeinheiten aus mehreren Unterrichtseinheiten am Stück zu planen und zu lehren. Genauso begrüßen die meisten Studierenden ein wenig Abwechslung von reinen inhaltlichen Frontalvorträgen.

Elektronisches Zusatzmaterial Die elektronische Version dieses Kapitels enthält Zusatzmaterial, das berechtigten Benutzern zur Verfügung steht https://doi.org/10.1007/978-3-662-62193-6_7.

C. Herrmann (✉)
Institut für Biometrie und Klinische Epidemiologie, Charité – Universitätsmedizin Berlin, Berlin, Deutschland
E-Mail: carolin.herrmann@charite.de

© Der/die Herausgeber bzw. der/die Autor(en), exklusiv lizenziert durch Springer-Verlag GmbH, DE, ein Teil von Springer Nature 2021
C. Herrmann et al. (Hrsg.), *Zeig mir Health Data Science!*,
https://doi.org/10.1007/978-3-662-62193-6_7

Somit ist es naheliegend, verschiedene Lehrmethoden einzusetzen. Die nachfolgenden Lehrmethoden zeichnen sich dadurch aus, dass sie die Lehre auflockern, sowie Motivation, Interesse und Interaktion fördern. Das ICAP-Modell (Interactive – Constructive – Active – Passive) von Chi und Wylie (Chi 2009; Chi und Wylie 2014) besagt, dass interaktive Lehrmethoden die größten Lernfortschritte erzielen. Bei der Auswahl der verschiedenen Methoden wurde darauf geachtet, dass sie für den Dozierenden möglichst effizient vorzubereiten sind. Die präsentierten Methoden sind nicht grundsätzlich neu, sie werden jedoch teils abgewandelt von anderer Literatur oder Seminaren dargestellt. Die Beispielanwendungen beziehen sich auf die Biometrie-Lehre, sind aber auch leicht auf andere Themenbereiche der Health Data Sciences übertragbar.

7.2 Methodik

Die ausgewählten Lehrmethoden lassen sich grob in vier Zielkategorien einteilen: Einführung in eine neue Lehreinheit, Auffrischung von Konzentration, Wiederholung des gelernten Stoffs und knappes Feedback für den Lehrenden. Alle Methoden sind nachfolgend anhand von kurzen Steckbriefen zusammengefasst. Eine Übersicht ist in Tab. 7.1 zu finden. Konkrete Beispielanwendungen sind in dem darauffolgenden Unterkapitel beschrieben.

Tab. 7.1 Auswahl der präsentierten Lehrmethoden

Methode	Ziel	Material	Vorbereitungszeit	Durchführungszeit
Landkarte	Einführung	Flipchart, Stift	5 min	5 min
Interview	Einführung	Pinnwand mit Pinnnadeln, Zettel, Stift	5 min	10 min
Rätselraten	Konzentration	Flipchart, Stift	1 min	5 min
Synchronisieren	Konzentration	–	–	5 min
Memory	Wiederholung	Zettel, Stift	5 min	15 min
Um die Ecke gedacht	Wiederholung	Skizzen/Schlagzeilen	10 min	5 min
Koffer	Wiederholung	Pinnwand mit Pinnnadeln, Zettel, Stift, Kofferabbildung	15 min	30 min
Wordcloud	Feedback	Internetfähige Handys/Laptops, Beamer	5 min	3 min

7.2.1 Methode: Landkarte

Ziel: Einführung in eine neue Lehreinheit
Material: Flipchartpapier, Stift
Vorbereitungszeit: 5 min
Durchführungszeit: 5 min

Kurzbeschreibung: Bei dieser Methode (vgl. auch Lehner 2009) geht es darum, den Inhalt der geplanten Lehreinheit visuell darzustellen. Sie ersetzt oder ergänzt eine rein schriftliche Auflistung des zu behandelnden Stoffs, die häufig auf einer der ersten Folien präsentiert wird. Auf der Landkarte wird ein Weg mit verschiedenen „Ortschaften" eingezeichnet, die unterschiedliche Themenbereiche beschreiben. Optional können auch Symbole für Gruppenarbeiten etc. eingefügt werden. Die Landkarte kann bereits Zuhause auf einem Flipchartpapier oder während der Unterrichtseinheit erstellt werden. Nach einer kurzen Beschreibung des geplanten Lehrstoffs zu Beginn der Lehreinheit, kann der Papierbogen an die Wand gehängt werden, sodass die Landkarte als ständige Orientierung für die Lernenden und Lehrenden dient (Abb. 7.1).

Abb. 7.1 Schematische Darstellung für eine Landkarte in der Lehre

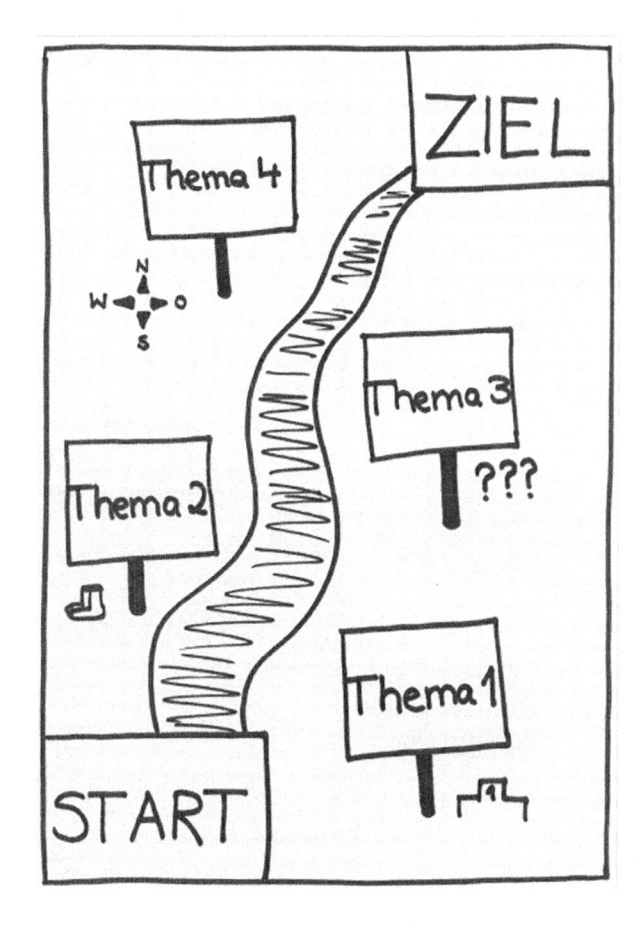

7.2.2 Methode: Interview

Ziel: Einführung in eine neue Lehreinheit
Material: Pinnwand mit 6 Pinnnadeln, 6 Zettel, Stift
Vorbereitungszeit: 5 min
Durchführungszeit: 10 min

Kurzbeschreibung: Die Interview-Methode sieht eine einführende Auseinandersetzung mit einem Thema aus dem Blickwinkel verschiedener Personen- beziehungsweise Interessensgruppen vor. Der Lehrende überlegt sich vorab fünf interessante (ggf. auch provokante) Personengruppen und schreibt diese sowie das Thema auf einzelne Zettel. Die Anzahl der Personengruppen kann auch abgeändert werden. In der Unterrichtseinheit hängt der Dozierende alle Zettel mit den beschriebenen Seiten zur Pinnwand gekehrt auf und dreht diese Zettel nacheinander um. Nach jedem umgedrehten Zettel sollen die Studierenden ihre spontanen Assoziationen mit der Personen-/Interessensgruppe zu dem Thema nennen. Hier geht es nicht um richtige und falsche Antworten, sondern in erster Linie darum, dass sich die Studierenden mit der Vielschichtigkeit eines neuen Themas auseinandersetzen und mit dem Thema langsam vertraut werden (Abb. 7.2).

7.2.3 Methode: Rätselraten

Ziel: Auffrischung der Konzentration
Material: Flipchart, Stift
Vorbereitungszeit: 1 min
Durchführungszeit: 5 min

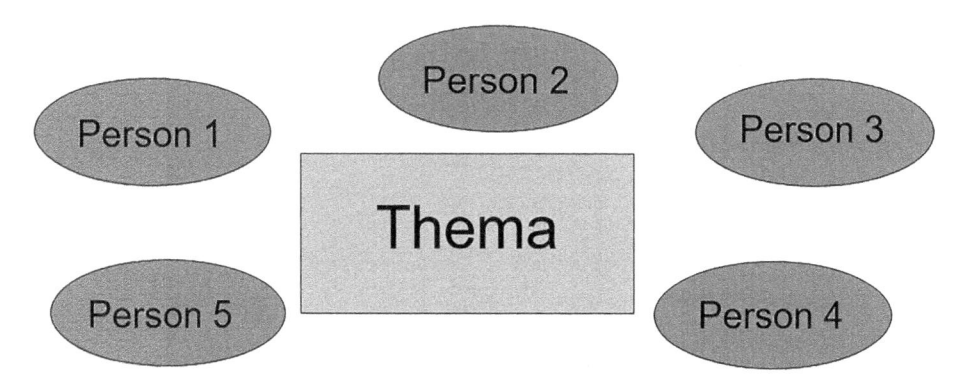

Abb. 7.2 Bei der Interview-Methode mit fünf Personen(-gruppen) werden die Personen(-gruppen) nacheinander den Studierenden bekannt gegeben

Abb. 7.3 Rätselbeispiel. *Lösung:* F S S *(für Freitag, Samstag, Sonntag)*

Kurzbeschreibung: Es gibt eine Vielzahl an Rätseln, die das Denken ab von gewöhnlichen Pfaden anregen. Häufig sind diese völlig unabhängig von dem eigentlichen Lehrinhalt. Diese kurzen Rätsel können beispielsweise nach einer kurzen Pause eingebaut werden. Ein Rätselbeispiel, welches schnell an einer Flipchart notiert ist, ist in Abb. 7.3 zu finden.

7.2.4 Methode: Synchronisieren

Ziel: Auffrischung der Konzentration
Material: -
Vorbereitungszeit: -
Durchführungszeit: 5 min

Kurzbeschreibung: Diese Methode eignet sich zur Auflockerung von sehr langen Lehreinheiten am Stück und existiert leicht abgewandelt auch im Improvisationstheater (Richter 2018). Zunächst bilden die Studierenden Dreier-Gruppen. Kleinere oder größere Gruppengrößen sind ebenfalls möglich, verringern beziehungsweise erhöhen allerdings den Schwierigkeitsgrad der Übung. In jeder Gruppe stellen sich die drei Studierenden nebeneinander in einer Reihe auf. Die mittlere Person beginnt mit langsamen Bewegungen, die die beiden äußeren Personen simultan mitmachen sollen. So entsteht das Bild, dass alle drei Personen synchron die gleichen Bewegungen ausführen.

7.2.5 Methode: Memory

Ziel: Wiederholung des gelernten Stoffs
Material: Zettel beschrieben mit paarweise zuzuordnenden Begriffen in mehrfacher Ausführung
Vorbereitungszeit: 5 min
Durchführungszeit: 15 min

Kurzbeschreibung: Für die Memory-Methode werden die Studierenden in Zweiergruppen eingeteilt. Jede Gruppe erhält zehn Zettel mit Begriffen aus der Lehreinheit, die jeweils paarweise zuzuordnen sind. Diese werden verkehrt herum auf den Tisch gelegt. In jeder Gruppe beginnt eine Person damit, zwei Zettel umzudrehen. Falls diese ein inhaltliches Paar bilden, darf die Person die nächsten zwei Zettel umdrehen. Falls diese nicht zusammengehören, müssen die beiden Zettel an der ursprünglichen Stelle wieder umgedreht zurückgelegt werden. Ziel ist es, alle Zettel zu inhaltlichen Paaren zuzuordnen.

7.2.6 Methode: Um die Ecke gedacht

Ziel: Wiederholung des gelernten Stoffs
Material: Skizzen oder Schlagzeilen
Vorbereitungszeit: 10 min
Durchführungszeit: 5 min

Kurzbeschreibung: Bei dieser Methode werden Skizzen oder Schlagzeilen aus den Medien (zum Beispiel Zeitungsartikeln) präsentiert und die Studierenden müssen diese dann einer behandelten Thematik zuordnen, welche sie dabei auch kurz wiederholen.

7.2.7 Methode: Koffer

Ziel: Wiederholung des gelernten Stoffs
Material: 20 Zettel, Stift, große Kofferabbildung, Pinnwand mit Pinnnadeln
Vorbereitungszeit: 15 min
Durchführungszeit: 30 min

Kurzbeschreibung: Diese Methode (abgewandelt von Hugenschmidt und Technau 2009) erfordert eine etwas längere Vorbereitungs- und Durchführungszeit als die anderen vorgestellten Methoden. Der Dozierende schreibt zentrale Begriffe der Lehreinheit auf einzelne Zettel und legt diese zu Beginn der Lehreinheit auf einem Tisch aus. Die Studierenden werden gebeten, sich jeweils einen Zettel zu nehmen und für diesen Begriff verantwortlich zu sein. Am Ende der Lehreinheit hängt der Dozierende einen Koffer an eine Pinnwand und nennt nach Unterthemen geordnet die einzelnen Begriffe. Die jeweilige dem Begriff zugeordnete Person fasst den in der Lehreinheit behandelten Stoff in ein bis zwei Sätzen zusammen und hängt den Zettel dann an die entsprechende Stelle der Pinnwand. Am Ende entsteht eine Art Mind Map und der Dozierende bekommt einen guten Einblick, welche Konzepte gut verstanden wurden und bei welchen noch Erklärungsbedarf besteht (Abb. 7.4).

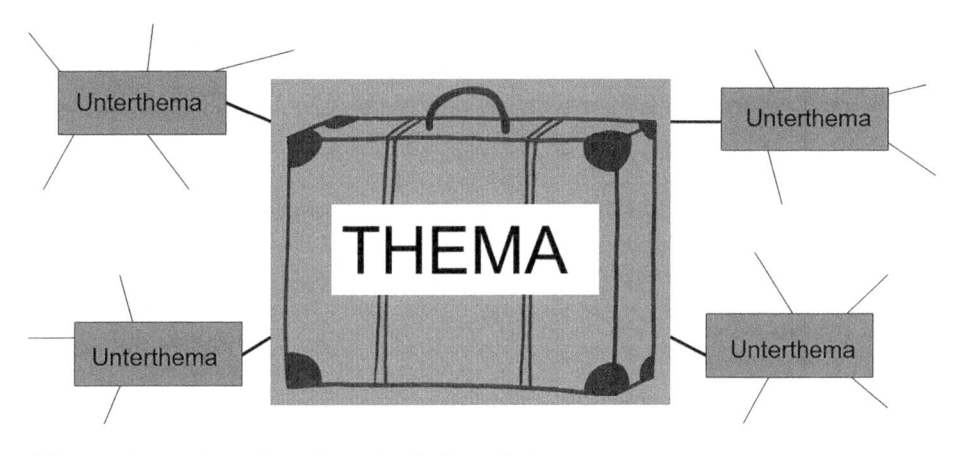

Abb. 7.4 Schematische Darstellung der Koffermethode

7.2.8 Methode: Wordcloud

Ziel: Feedback für den Lehrenden
Material: internetfähige Handys/Laptops der Studierenden, Beamer
Vorbereitungszeit: 5 min
Durchführungszeit: 3 min

Kurzbeschreibung: Wordclouds (zu Deutsch: Wortwolken) sind eine Zusammenstellung von Wörtern. Je nach Häufigkeit einer Wortnennung sind die Wörter in der Regel in größerer oder kleinerer Schriftgröße dargestellt. Diese sind somit beispielsweise als Feedback für den Dozierenden zu nutzen. Dazu entscheidet sich dieser vorab für ein Online-Voting-Tool (z. B. Mentimeter, https://www.mentimeter.com/) und erstellt dort eine Frage wie zum Beispiel: Welche drei Begriffe verbinden Sie mit dieser Lehreinheit? Dieser Frage wird von der Softwarelösung ein Code zugeordnet und kann dann als Folie in die Präsentation des Dozierenden eingebaut werden. Auf der entsprechenden Folie ist dann ein Link mit dem Code zu finden, was den Studierenden ermöglicht, zu der Frage in Echtzeit mit ihren internetfähigen Handys oder Laptops abzustimmen. Anschließend ist auf der Folie die Wordcloud zu sehen. Diese kann der Dozierende dann gezielt zur knappen Akzentuierung und Wiederholung des gelernten Stoffs nutzen.

7.3 Beispielanwendung

Die nachfolgenden Beispielanwendungen zur Einführung in neue Lehreinheiten, Wiederholung von gelerntem Stoff und Feedback beziehen sich auf den Lehrbereich der Medizinischen Biometrie. Die Methoden zur Auffrischung der Konzentration sind fachunabhängig, sodass hier keine expliziten Beispielanwendungen gegeben werden.

In den Modulen zur Einführung in die Medizinische Biometrie geht es häufig um die Wissensvermittlung von klinischen Studien, statistischem Testen, den Unterschied von parametrischem und nicht-parametrischem Testen, Fallzahlplanung und multiplem Testen.

Für die *Landkarte* können dann entsprechend die einzelnen Themenbereiche, wie klinische Studien, statistisches Testen etc., als Ortsschilder eingezeichnet werden. Hierfür kann die Landkarte beliebig detailliert mit Symbolen gestaltet werden. Beispielsweise können Strichmännchen zur Kennzeichnung von Gruppenarbeiten genutzt werden. Außerdem kann mit einem Klebezettel das aktuelle Thema markiert werden, sodass die Landkarte zur ständigen Orientierung an einem zentralen Platz im Unterrichtsraum zur Verfügung steht.

Die *Interview*-Methode kann zur Einführung in klinische Studien verwendet werden. Anders als bei einem Thema wie parametrischem und nicht-parametrischem Testen, haben die Studierenden vor der Lehreinheit gewisse Vorstellungen von klinischen Studien. Die ethische Betrachtung von klinischen Studien hängt dabei sehr eng mit der zugrundeliegenden Statistik zusammen. Um die Vielschichtigkeit abzudecken, können verschiedene Personengruppen genannt werden, aus deren Sicht klinische Studien beleuchtet werden sollen. Hier könnten die Personen(-gruppen) Pharmakonzernchef, geldarmer Studierender, Oma, Papst und Amazonasureinwohner nacheinander den Studierenden präsentiert werden. Die Studierenden sollen ihre spontanen Assoziationen nennen, was diese Personen(-gruppen) über klinische Studien denken oder sagen könnten. Verschiedene Antwortmöglichkeiten und Sichtweisen sind hier möglich.

Bei der *Memory*-Methode (vgl. Abb. 7.5) besteht die Herausforderung der Dozierenden darin, die Zuordnungsschwierigkeit von Begriffspaaren mit der Anzahl der Begriffspaare abzustimmen. Beispielsweise könnten folgende fünf Begriffspaare verwendet werden:

- Offen und verblindet,
- Power und Fehler zweiter Art,
- Konfirmatorisch und explorativ,
- Paarweiser t-Test und verbundene Stichprobe,
- Signifikanz und Relevanz.

Abb. 7.5 Memory-Beispiel

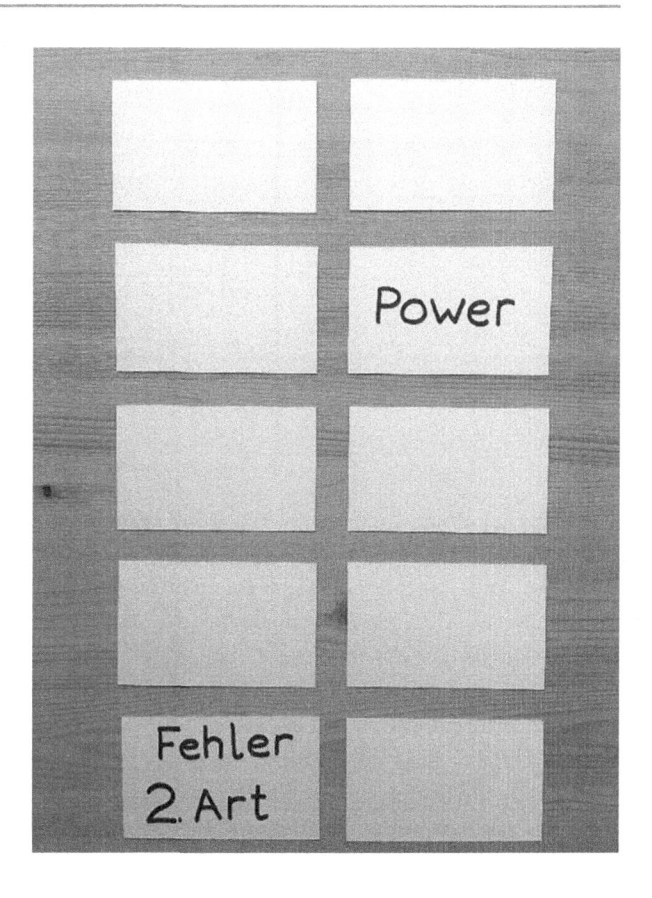

Eine Vorlage für diese Begriffe aus der Medizinischen Biometrie sowie Rohlinge befinden sich im Online-Material. Je nachdem, wie viel Zeit für die Methode zur Verfügung steht, können die Studierenden auch gebeten werden, zusätzlich eine stichpunktartige Begründung zu den jeweiligen Zuordnungen zu notieren. Darüber hinaus können unterschiedliche Begriffe an die einzelnen Gruppen verteilt werden, mit anschließender Vorstellung und Erläuterung der Begriffspaare im Plenum.

Für die Methode *Um die Ecke gedacht* können beispielsweise eigene Skizzen verwendet werden oder Werbung aus U-Bahnen für klinische Studien abfotografiert werden. Ein Beispiel für eine Skizze ist in Abb. 7.6 zu sehen. Hier geht es um das „fishing for (significant) p-values". Die Aufgabe der Studierenden ist es, die Skizze dem Oberthema des multiplen Testens zuzuordnen und die damit einhergehende Problematik kurz zu erläutern.

Für die *Koffer*-Methode sind so viele zentrale Begriffe der Lehreinheit auf Zetteln zu notieren, wie es Studierende in der Veranstaltung gibt. Außerdem sollte sich der Dozierende vorab eine Mind Map-Struktur zu der Begriffssammlung überlegt haben.

Abb. 7.6 Fishing for (significant) p-values

Begriffe für einen Einführungskurs in Medizinische Biometrie sind im Online-Material zu finden. Falls einzelne Studierende nicht an der Vorlesung teilnehmen können, ist es sinnvoll, wenn sich der Dozierende für die übrig gebliebenen Begriffe verantwortlich fühlt und diese bei der anschließenden Präsentation übernimmt. Nachdem die Kofferskizze mit dem Oberthema der Lehrveranstaltung an einer Pinnwand hängt, ruft der Dozierende einzelne Begriffe der Reihe nach auf. Der Studierende mit dem jeweiligen Begriff sagt ein bis zwei Sätze zu seinem Thema und hängt den Begriff an die entsprechende Stelle der Pinnwand. Beispielsweise könnte die Person mit dem Begriff „Fallzahlplanung" sagen, dass diese zum Ziel hat, so viele Personen wie nötig aber so wenig wie möglich in eine Studie einzuschließen. Die Fallzahl werde in der Regel basierend auf dem statistischen Test zur Auswertung des primären Endpunkts unter bestimmten Parameterannahmen festgelegt.

Bei der *Wordcloud*-Methode sollten möglichst präzise Fragen gestellt werden und je nach Online-Voting-Tool kann gleichzeitig auch ein Antwortzeitraum vorgegeben werden. Hier ist es auch wichtig dabei zu erwähnen, dass die drei Begriffe einzeln einzugeben sind und nicht ohne Leerzeichen voneinander getrennt beziehungsweise mit Bindestrichen verbunden; ansonsten würden sie auch in dieser Konstellation in der Wordcloud erscheinen und nicht in die einzelnen Worthäufigkeiten mit eingehen.

7.4 Diskussion und Ausblick

Die Vermittlung von biometrischen Grundkonzepten ist für viele Studierende der Lebenswissenschaften sowohl in Bezug auf eigene Abschlussarbeiten und Publikationen als auch auf das Einschätzen und die Interpretation von anderen Forschungsarbeiten sehr zentral. Somit hat der Dozierende die Aufgabe, den meist nicht komplett positiv behafteten Themenbereich der Medizinischen Biometrie den Studierenden möglichst kurzweilig und verständlich zu vermitteln. Mit dem Einsatz der präsentierten Lehrmethoden hat die Autorin durchweg positive Erfahrungen in verschiedenen Lehrveranstaltungen gemacht.

Die *Interview*-Methode dient als Eisbrecher und die Studierenden werden von Anfang an interaktiv in die Lehrveranstaltung eingebunden und zum Nachdenken angeregt. Eine gewisse Zurückhaltung war zunächst bei den Konzentrationsauffrischungsübungen (*Rätselraten* und *Synchronisieren*) vorhanden. Diese hat sich aber bei den meisten Personen schnell gelegt und es hatte deutlich auflockernde und aktivierende Konsequenzen für den nachfolgenden Teil der Lehre. Bei der *Memory*-Methode ist darauf zu achten, dass die Schwierigkeit der Begriffszuordnung an die Anzahl der zu bestimmenden Paare angepasst ist. Zudem sollte eine eindeutige Zuordnung der Begriffe gewährleistet sein, ansonsten kann die Methode sehr viel Zeit in Anspruch nehmen. Das *Um die Ecke Denken* ist sehr stark davon abhängig, welches Bild- und Textmaterial zur Verfügung steht. Hier müssen nicht alle in der Lehreinheit behandelten Themen abgedeckt werden. Die *Koffer*-Methode ist im Vergleich zu den anderen präsentierten Methoden verhältnismäßig zeitintensiv, allerdings dient sie als gute Prüfungsvorbereitung für die Studierenden und der Dozierende sieht sehr schön, welche Themen gut verstanden wurden. Bei der *Wordcloud*-Methode stellt die Autorin gerne die Frage, welche drei Begriffe den Studierenden rückblickend auf die Lehreinheit in den Kopf kommen. Meistens werden dabei insbesondere die Begriffe häufig genannt, die in einer der oben präsentierten Lehrmethoden inhaltlich bearbeitet wurden.

Die präsentierten Lehrmethoden sollten selbstverständlich zum eigenen Lehrtyp passen und es sollte nicht der Leitspruch „je mehr desto besser" gelten. Wie bei Vielem ist die goldene Mitte das Ziel und über die Zeit bekommt der Dozierende ein gutes Gespür, wie viel Abwechslung in der Lehre von der jeweiligen Lerngruppe gerne aufgenommen wird.

Danksagung
Mein Dank gilt Prof. Geraldine Rauch und Dr. Jochen Kruppa, die mich beide kontinuierlich in der Hochschullehre auf vielfältige Art unterstützen und mir viel Freiraum für eigene Herangehensweisen und Lehrmethoden ermöglichen.

Anhang

Folgende elektronische Materialien zu diesem Beitrag finden Sie online:

- Anhang 1 *Begriffsauflistung Memory-Methode*
- Anhang 2 *Begriffsauflistung Koffer-Methode*

Literatur

Chi MTH (2009) Active-constructive-interactive: a conceptual framework for differentiating learning activities. Top Cogn Sci 1:73–105

Chi MTH, Wylie R (2014) The ICAP framework: linking cognitive engagement to active learning outcomes. Educ Psychol 49:219–243

Hugenschmidt B, Technau A (2009) Methoden schneller zur Hand. 66 schüler- und handlungsorientierte Unterrichtsmethoden. Klett-Schulbuchverlag, Stuttgart

Lehner M (2009) Viel Stoff – wenig Zeit. Wege aus der Vollständigkeitsfalle. Haupt Verlag, Bern

Richter D (2018) Improvisationstheater: die Grundlagen. Theater der Zeit, Berlin

Spielerisch Daten reinigen

Auf der Suche nach Mustern in Gummibärentüten

Jochen Kruppa und Miriam Sieg

8.1 Einleitung

Wie schaffen wir es am besten Studierende an ein Fach emotional zu binden? Indem wir den Studierenden eine Interaktionsmöglichkeit mit Inhalten des Faches geben. Auf dem weiten Gebiet „Data Science", was für uns (Bio)Statistik, Biometrie und (Bio)Informatik umfasst, ist diese Interaktion das Bearbeiten von Daten. Wir wollen in diesem Kapitel zeigen, wie einfach ein Datensatz von Studierenden in einer Vorlesung selbst erstellt werden kann. Dieser selbsterstellte Datensatz kann und sollte dann eine ganze Vorlesungsreihe begleiten. Neben Tipps und Tricks für die Erstellung eines Datensatzes über die Verteilung von Gummibären bieten wir einen gekürzten Datensatz zum Download an. Ein bereits erhobener Datensatz kann über E-Mail von die Autoren angefragt werden.

Datenverarbeitung ist ein sozial komplexer Vorgang. Zum einen gibt es diejenigen, die die Daten eingeben und zum anderen diejenigen, die die Daten auswerten. Um die Komplexität der Datenerstellung erfahrbar zu machen, haben wir Daten von den

Elektronisches Zusatzmaterial Die elektronische Version dieses Kapitels enthält Zusatzmaterial, das berechtigten Benutzern zur Verfügung steht https://doi.org/10.1007/978-3-662-62193-6_8.

J. Kruppa (✉) · M. Sieg
Institut für Biometrie und klinische Epidemiologie, Charité – Universitätsmedizin Berlin, Berlin, Deutschland
E-Mail: jochen.kruppa@charite.de

M. Sieg
E-Mail: miriam.sieg@charite.de

© Der/die Herausgeber bzw. der/die Autor(en), exklusiv lizenziert durch Springer-Verlag GmbH, DE, ein Teil von Springer Nature 2021
C. Herrmann et al. (Hrsg.), *Zeig mir Health Data Science!*,
https://doi.org/10.1007/978-3-662-62193-6_8

Studierenden in den B.Sc.-Modulen Statistik für Biowissenschaftler I und II und im M.Sc.-Modul Biomedical Sciences eigenständig erheben lassen (Tab. 8.1). Die Fehler, die dabei durch dutzende Studierende verursacht werden, kann ein Dozent kaum simulieren. Die Studierenden erhalten dabei ein Gefühl für die Prozesse der Datensammlung und der anschließenden Datenverarbeitung. Beide hängen eng miteinander zusammen, werden aber während des Studiums durch schon existierende und damit fremde Datensätze selten konkret abgebildet. Künstlich erstellte Daten haben meist den Nachteil, dass nur eine Person diese Datensatz erstellt hat und nur die eigenen Fehler einbaut. Ein durch mehreren hundert Personen erstellter Datensatz, hat ganz eigene Strukturen und Heterogenität. Des Weiteren sensibilisieren wir die Studierenden für den Aufwand der Datenerhebung sowie die hohe Fehleranfälligkeit des Einlesens von Daten. Solche Fehler können weitreichende Folgen nach sich ziehen.

Bevor ein neuer Algorithmus auf einen Datensatz angewendet werden kann, besteht die Hauptaufgabe eines Data Scientist in der Bereinigung der Daten. Dies wird manchmal scherzhaft auch „Daten schubsen" genannt. Insbesondere maschinelle Lernverfahren und Deep-Learning Algorithmen benötigen meist eine einzig mögliche und exakte Art der Datenaufarbeitung. Ohne Datenaufarbeitung ist entweder das Einlesen der Daten nicht möglich oder die Daten werden fehlerhaft Eingelesen. Programmiersprachen sind zum Beispiel nicht in der Lage, Datensatz-Spalten, die sowohl Text (engl. *character*) als auch Zahlen (engl. *numeric*) beinhaltenden, sinnvoll zu interpretieren. Die gesamte Spalte wird als Spalte mit Text abgespeichert wobei Zahlen in Worte umgewandelt werden, z. B. wird aus einer numerischen 2 der Text „2".

Der Gummibärendatensatz wurde im 3. und 4. Semester im Bachelorstudiengang Bioinformatik an der Freien Universität Berlin für die Vorlesungen „Statistik für Biowissenschaftler I" und „Statistik für Biowissenschaftler II" genutzt. Die Veranstaltungen setzten

Tab. 8.1 Übersicht über die Veranstaltungen in denen der Gummibärendatensatz angewendet wurde

Universität	Freie Universität Berlin	fhg – Zentrum für Gesundheitsberufe Tirol	Charité – Universitätsmedizin Berlin
Studiengang	B.Sc. Bioinformatik	M.Sc. Biomedical Sciences	Service Unit Biometrie
Semester	3 und 4	1	Offen/PhD/PostDoc
Veranstaltung	Statistik für Biowissenschaftler (I und II)	Biomedizinische Analytik	Einführung in das Programmpaket R
Wahl/Pflichtfach	Pflicht	Pflicht	Wahl
Klausur	Ja	Ja	Nein
Vorkenntnisse	Keine	Keine	Keine
Anzahl	50–70	20	10–12
Dauer	Semesterbegleitend (~28 UE)	Semesterbegleitende Blockkurse (~20 UE)	Semesterbegleitend (~6 UE)

sich aus Studierenden des Studiengangs B.Sc. Bioinformatik (80 %), des Studiengangs M.Sc. Informatik (10 %) und weiteren Studiengängen (10 % der Studierenden) zusammen.

Im Weiteren wurde der Gummibärendatensatz mit Studierenden im ersten Semester des berufsbegleitenden Masterstudiengangs „Biomedical Sciences" an der fhg – Zentrum für Gesundheitsberufe Tirol angewendet. Diese Studierenden hatten bereits eine Berufsausbildung im Gesundheitswesen abgeschlossen. Daher war der Alternsdurchschnitt bei diesen Studierenden höher und somit eventuell mehr Erfahrungen im Erheben von Daten vorhanden. Der Masterstudiengang „Biomedical Sciences" dient als Weiterbildung für einen beruflichen Aufstieg oder als Vorstufe zu einer Promotion. Den Kurs besuchten ca. 20 Studierende, wobei der Frauenanteil bei über 90 % lag.

Der erstellte Datensatz wird zudem im Kurs „Einführung in das Programmpaket R" an der Charité – Universitätsmedizin Berlin genutzt. In diesem Kurs lernen die Teilnehmer die Grundlagen der Programmierung in R sowie mit R einfache statistische Analysen durchzuführen und Grafiken zu erstellen. Ein zentraler Punkt ist dabei das Einlesen und Bereinigung von Daten in R.

Die Anzahl der am Erstellen des Gummibärendatensatzes beteiligten Studierenden kann, aus unserer Erfahrung, zu einem Zeitpunkt bis zu 200 Personen betragen. Dabei erwies sich *Google Spreadsheet (Version März 2020)* bei hohen Zugriffsraten als sehr stabil. Die Stabilität des WLANs im Hörsaal ist ein limitierender Faktor. Es gilt wie immer: je mehr Studierende etwas gleichzeitig tun sollen, desto mehr Vorbereitung bedarf es vorweg. Bei 20 Studierenden ist es noch möglich, gleichzeitig Gummibärentütchen zu verteilen und den Prozess zu erklären. Bei mehr als 20 Studierenden ist die Disziplin eines Lehrenden gefragt. Wie häufig sind erprobte Strukturen nicht zu unterschätzen: wenn der Lehrende genau weiß, was als nächstes passieren soll, können Fehler im Prozess besser gepuffert werden.

Die Studierenden benötigen keine speziellen Vorkenntnisse. Sie sollten ihre Smartphones oder Laptops bedienen können, was erstaunlicherweise bei einigen Studierenden auf die Kernfunktionen des Gerätes beschränkt ist. Das Erstellen des Gummibärendatensatzes funktioniert mit Programmieranfängern genauso gut wie mit Programmierprofis. Es sollte jedoch bedacht werden, dass Programmierprofis mehr Erfahrung im Umgang mit Daten haben und dessen Problematiken schon vorab kennen. Die Profis sind schon in eine Datengrube gefallen und wissen worauf zu achten ist. Die Stärke des Erstellens und Einlesen des Datensatzes in der Lehre mit Anfängern liegt im Üben und Nachvollziehen dieser Datenproblematiken, die nicht auf dem ersten Blick offensichtlich sind. Sollte die Aufreinigung nicht Thema der Vorlesung sein, empfiehlt sich die Nutzung eines bereits gereinigten Datensatzes, der dann direkt für die statistischen Analysen genutzt werden kann.

Prinzipiell ist für die Datenerhebung kein Beamer notwendig. Es hat sich aber gezeigt, dass die Verfolgung der Dateneingabe in *Google Spreadsheet* von Vorteil ist. Dazu ist selbstverständlich eine Internetverbindung ist notwendig, idealerweise WLAN. Wenn keine Interverbindung vorhanden ist, müssen die Studierenden ihre Daten alle an einem PC eingeben. Bei bis zu 20 Studierenden ist dies noch zeitlich machbar.

8.2 Methodik

Wie jede neue Methodik bedeutet auch das Erstellen des Gummibärendatensatzes organisatorischen Aufwand. Wir nutzen für die Datenerstellung die kleinen Gummibärentütchen mit ca. 10 Gummibärchen, die sich in Packungen à 20 Tütchen im Handel finden lassen. Zum einen haben Gummibären sehr gute Materialeigenschaften. Die Gummibären sind in Tütchen, die relativ robust sind, verpackt. Auch ist dadurch der Transport einfach, weil nichts auslaufen kann. Auch im Sommer schmelzen die Bären nicht und können ausgezählt werden. Die Gummibären sind stabil: wenn sie auf den Boden fallen, werden sie nicht festgetreten, sondern lassen sich auffegen.

Für die technische Umsetzung nutzen wir *Google Spreadsheet* für die Erstellung und Speichern des Datensatzes sowie *bitly (Version März 2020)* für die Verkürzung des Links zu einem *Google Spreadsheet* Dokument. Daher ist es zuerst wichtig, sich mit den Anwendungen von *Google Spreadsheet* (https://docs.google.com/spreadsheets) und *bitly* (https://bitly.com/) vertraut zu machen. Es hat sich herausgestellt, dass viele Studierende einen Google Account haben und somit auf *Google Spreadsheet* zugreifen können. Prinzipiell ist auch Office 365 einsetzbar, wenn dessen Cloud Version in der Universität angeboten wird. Es ist nötig zu testen, ob die Studierenden auch wirklich auf Office 365 zugreifen können. Die zu erheben Daten wurden von uns vorher festgelegt. Dabei handelt es sich in den ersten Spalten (dunkel) um Charakteristika der Gummibärentüte und in den folgenden Spalten (hell) um sozidemographische Daten der Studierenden. Abb. 8.1 zeigt einen leeren Gummibärendatensatz mit den auszufüllenden Spalten.

Abb. 8.2 zeigt die Freigabe eines *Google Spreadsheet Dokuments* für mehrere Nutzer*innen. Dabei wird nur das *Google Spreadsheet* Dokument selbst freigegeben, der Rest des Google Kontos des Lehrenden bleibt verborgen. Zuerst muss oben links auf den grünen „Freigeben"- Button geklickt werden. Es öffnet sich ein Fenster in dem „Jeder mit dem Link darf die Datei bearbeiten" ausgewählt werden muss. Abschließend muss der Link kopiert werden. Dieser Link ist sehr lang und ist somit ungeeignet für die Eingabe in ein Smartphone. Wir verkürzen den Link über die Webseite *bitly*.

Nachdem wir den Link aus der Freigabemaske von *Google Spreadsheet* kopiert haben, können wir ihn verkürzen. Abb. 8.3 zeigt die Webseite von https://bitly.com/. Sie

Abb. 8.1 Von den Studierenden auszufüllender Gummibärendatensatz mit Spalten für Charakteristika der auszuwertenden Gummibärentüte sowie sozidemographischen Daten der Studierenden

8 Spielerisch Daten reinigen

Abb. 8.2 Freigabe der Tabelle für die Studierenden in *Google Spreadsheet*. Die Tabelle muss so freigeben werden, dass die Studierenden den Link bearbeiten können

Abb. 8.3 Verkürzen des Links zum *Google Spreadsheet* Dokument, sodass Studierende diesen Link in endlicher Zeit in ihr Smartphone eingeben können. Es ist darauf zu achten, dass der verkürzte Link keine mehrdeutigen Zeichen enthält

ermöglicht das Verkürzen von Links. Bei der Verkürzung des Links zum *Google Spreadsheet* Dokument ist auf einige Besonderheiten zu achten. Der Buchstabe O und die Ziffer 0 sollten nicht in der Verkürzung vorhanden sein. Auch das große „I" (ih) und das kleine „l" (el) sind in manchen Schriftformen nur im Kontext auseinander zu halten. Das führt zur fehlerhaften Eingabe des (verkürzten) Links, da die Studierenden die Buchstaben falsch eingeben. Im Zweifel sollte die Verkürzung in *bitly* wiederholt werden.

Den Studierenden ist es dann möglich, die Dateneingabe über die *Google Spreadsheet* App durchzuführen. Die Nutzung eines Laptops ist jedoch meist einfacher. Aus unserer

Erfahrung bevorzugen Studierende dennoch die Eingabe über die App auf dem Smartphone. Wir empfehlen dennoch einen Dozentenrechner für Studierende bereitzustellen, die Probleme bei der Eingabe auf ihrem Smartphone haben. Im Folgenden haben wir eine Checkliste für die Durchführung der Datensammlung in einer Veranstaltung erstellt.

Am Tag vor der Veranstaltung

- Pro 20 Studierende: eine Gummibärenpackung mit je 20 Tütchen. *Achtung: Im Oktober ist Halloween und die Gummibärenpackungen sind schnell vergriffen!*
- *Google Spreadsheet* vorbereiten
- Mit dem eigenen Smartphone testen, ob die Freigabe des Links funktioniert hat

Vor der Veranstaltung

- Gummibärenpackungen sichtbar auslegen, sodass die Studierenden schon einmal erkennen, dass heute etwas Besonderes passieren wird. Es ist wichtig, Raum für die Aufregung zu lassen!
- Die Studierenden so setzen, dass immer eine Reihe frei bleibt. Dies erleichtert später das Austeilen der Tütchen. Bei Seminargröße, also ca. 20 Studierende, ist dies nicht unbedingt notwendig.
- *Google Spreadsheet* auf dem eigenen Rechner öffnen. Dort können Studierende selbst noch ihre Daten eintragen, sollte das Eintragen auf dem eigenen Gerät nicht funktionieren.

Während der Veranstaltung

- Erklären wie vorgegangen werden soll:
- Öffnen der Gummibärentütchen und zählen der Bären.
- Eintragen der Informationen über die Gummibären in das *Google Spreadsheet*.
- Ergänzung sozidemographischer Informationen über sich.
- Zeigen, wie das Eintragen funktioniert.
- Verteilen der Gummibärentütchen und moderieren des Eintragens. Wenn es Probleme gibt, nicht korrigierend eingreifen.
- Freigabe des Verzehrens der Gummibärchen. Wichtig!

8.3 Beispielanwendung

Folgende Erfahrungen lassen sich aus der Datenerhebung des Gummibärendatensatzes in den Lehrveranstaltungen des Masterstudiengangs „Biomedical Sciences" an der fhg – Zentrum für Gesundheitsberufe Tirol sowie der Vorlesung „Statistik für Biowissenschaftler I" und „Statistik für Biowissenschaftler II" im Bachelorstudiengang Bioinformatik an der Freien Universität Berlin berichten. In dem Kurs „Einführung in das Programmpaket R" an der Charité – Universitätsmedizin Berlin wurde eine gekürzte Version des Datensatzes verwendet, aber nicht neu erstellt.

Zunächst ist anzuraten, die Gummibärchen Daten erst in der zweiten oder dritten Vorlesung zu erheben. Es ist auch anzuraten, die Gummibärenbeutel vor dem Beginn der Vorlesung schon sichtbar auszulegen. Die Gummibären verursachen eine gewisse Spannung und Unruhe, die vor Beginn der Vorlesung abgefangen werden kann. Die Teilnehmerzahlen sind dann meist noch hoch und die Ankündigung des Auszählens von Gummibären wurde dann schon gemacht. Es bleibt den Studierenden eine Woche, sich zu freuen.

Für die Verteilung der Gummibärchentütchen ist es ebenfalls wichtig, dass jeweils eine Reihe zwischen den Studierenden frei bleibt. Dies erleichtert die Verteilung der Tütchen ungemein. Wir sind bei dieser Veranstaltung meist zu dritt, um alle organisatorischen Dinge wie Ansprache, Verteilung, Hilfestellung und Koordination besser bewältigen zu können. Ist die Veranstaltung nur mit ca. 20 Studierenden besucht, so kann auf ein Umsetzen der Studierenden im Vorlesungsraum verzichtet werden.

Hilfreich, aber mit mehr Aufwand verbunden, ist, die Tütchen vorab zu nummerieren. Die Studierenden erhalten dabei zufällig eine nummerierte Gummibärentüte und die Information, aus welcher Packung diese Gummibärentüte stammte. Normalerweise befinden sich um die 20 Gummibärentütchen in einer Großpackung Gummibären. In diesem Fall lassen sich auf den Daten auch komplexere Modelle rechnen, wie lineare gemischte Modelle. Die Packung ist dann der Block und die einzelnen Tütchen sind in den Packungen genestet.

Die Studierenden sollten nun folgende Informationen der Gummibärentütchen erfassen: Laufende Nummer der Packung, laufende Nummer der Beutel, die Anzahl der Farben der Gummibärchen (Wie viele sind dunkelrot, hellrot, orange, gelb, grün und weiß?) und die Anzahl der Gummibären in dem Tütchen. Interessanterweise sind nicht immer alle Farben in einer Tüte enthalten. Daher kann es schnell zu Irritationen zwischen hellrot und dunkelrot kommen. Dies ist jedoch ein schöner Effekt bei der Datenerhebung. Die Daten zu den Gummibärentütchen lassen sich nun mit sozidemographischen Daten der Studierenden ergänzen. Hierbei haben wir uns für folgende Daten entschieden: den Lieblingsgeschmack, das Geschlecht, das Alter, die Körpergröße sowie das aktuelle Hochschulsemester. Alle Angaben der Studierenden sind freiwillig und durch die zufällige Zuordnung der Gummibärentüten nicht mehr aufzulösen. Wir möchten eindringlich davon abraten, Gewicht oder andere sozidemographische Informationen zu erheben. Die von uns ausgewählten Variablen wurden von fast allen Studierenden als akzeptabel eingestuft. Es blieb den Studierenden frei gestellt, diese Daten einzutragen. Wie bereits erwähnt, haben wir einen gekürzten Gummibärendatensatz im Kurs „Einführung in das Programmpaket R" an der Charité – Universitätsmedizin Berlin angewendet und keine weiteren Daten erhoben. In diesem Kurs steht u. a. Datenreinigung mit R im Fokus. Hier hat sich gezeigt, dass die Teilnehmer einen gewissen Bezug zu den Daten aufbauen, wenn ihnen kurz erklärt wird, wie und in welchem Rahmen die Daten erhoben wurden. Anstatt über *Google Spreadsheet* zu erfassen, haben wir den Datensatz über *Google OneDrive* zur Verfügung gestellt. Die Vorbereitung des Links zum Herunterladen folgt den selben Abläufen, wie bei Nutzung von *Google Spreadsheet:* Erst einen Freigabelink erstellen, dann diesen über bit.ly kürzen.

Im Folgenden sind einige Besonderheiten des uns aktuell vorliegenden Gummibärendatensatzes gelistet. Der vollständige Gummibärendatensatz besteht zurzeit aus 154 ausgewerteten Tütchen. Eigentlich müssten diese auch mit 154 Studierenden verbunden sein, jedoch sind Doppeleinträge nicht auszuschließen. Abb. 8.4 zeigt, dass der aktuell vorliegenden Gummibärendatensatz vielfältige statistische Abbildungen erlaubt. Es lässt sich eine bimodale Verteilung der Körpergrößen bei den weiblichen Studierenden erkennen. Die Männer im Durchschnitt größer als die Frauen. Trotz 154 Datenpunkten ergibt sich noch keine richtig „schöne" Normalverteilung. Die Anzahl der Gummibären in einer Tüte schwankt zwischen 8 und 12 Gummibären mit einem klaren Peak bei 10 Gummibären. Es stellt sich die Frage, ob die Anzahl der Gummibären in einem Tütchen normalverteilt mit ist. Es gibt Gummibären in mindestens drei unterschiedlichen Farben je Tüte. Ist das Auftreten von Gummibären in mindestens drei Farben bei 154 Tütchen noch Zufall oder ist hier eine signifikante Abweichung zu beobachten? Am häufigsten treten Gummibären in fünf von sechs Farben in einer Tüte auf. Eine komplexere Abbildung setzt den Lieblingsgeschmack der Studierenden mit deren Körpergröße und Geschlecht in Verbindung.

Abschließen möchten wir diesen Abschnitt noch mit einigen Besonderheiten des bisherigen Gummibärendatensatzes hinweisen. Die Dynamik des Datenerstellens führt doch immer wieder Besonderheiten und Probleme, die man so eventuell nicht erwartet hätte, zu Tage.

Besonderheiten im bisherigen Gummibärendatensatz

- Verschiedenste Texteintragungen („Rot !! aber welcher?", „yo yo yo", „animalcruelty") in Zahlenspalten. Dadurch wird die betreffende Spalte beim Einlesen in R von *numeric* in *character* umgewandelt.
- Statements über verschiedene Zellen hinweg wie „Bioinformatiker" „sind besser" „als Mediziner". Dadurch wird die ganze betreffende Spalte beim Einlesen in R von *numeric* in *character* umgewandelt.
- Geschlechtereinträge in der Form „M", „m", „W" und „w" oder „männlich" sowie „weiblich". Dadurch gibt es nicht mehr nur zwei Geschlechter in Kreuztabellen, sondern bis zu fünf und mehr. Auch hier wurden noch andere Texteintragungen gemacht („attack helicopter"). Dies verändert zwar nicht den Typ der Variablen, führt aber zu „falschen" Kategorien.
- Körpergrößen in unterschiedlichen Maßeinheiten wie 53inch, 1.98 m oder 165 cm. Hierbei ist interessant, zu beobachten, dass sich ein Maß im Laufe der Eintragung durchsetzt. Studierende in nachfolgenden Veranstaltungen orientieren sich an vorhandenen Eintragungen.

8 Spielerisch Daten reinigen

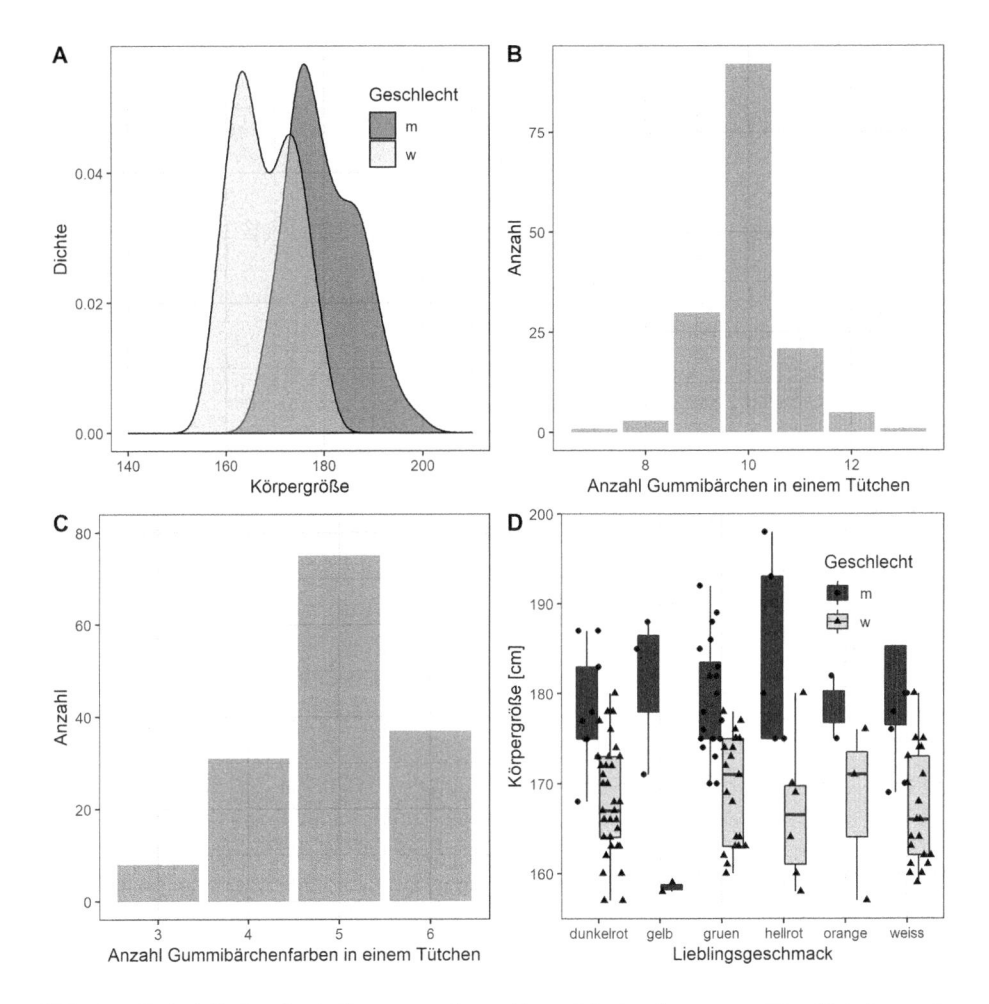

Abb. 8.4 Beispielhafte Statistiken aus dem Gummibärchendatensatz. Die Verteilung der Körpergrößen für die beiden Geschlechter (**a**), die Anzahl der Gummibärchen in einem Tütchen (**b**), die Anzahl an Gummibärchenfarben in einem Tütchen (**c**), sowie eine komplexere Abbildung des Lieblingsgeschmacks, der Körpergröße und dem Geschlecht (**d**)

- Verschiedenste Farbeinträge wie zum Beispiel die Schreibvariationen der Farbe dunkelrot als „dunkelrot", „Dunkelrot", „Dunkel Rot", „dunkel rot" oder „Rot !! aber welcher?".
- Die Summe der Spalten für die einzelnen Farben der Gummibären stimmt wiederholt nicht mit dem Eintrag der Spalte „Anzahl Bären" überein.
- Es gibt Felder ohne Wert sowie Felder mit Eintrag 0. Dies kann sogar innerhalb einer Reihe der Fall sein.

Eine gekürzte Fassung des Gummibärchendatensatzes ist online zu erhalten. Ein immer weiter anwachsender Datensatz kann bei den Autoren angefragt werden.

8.4 Diskussion und Ausblick

Klingt alles spannend, was wir in diesem Kapitel beschreiben. Es verbleiben noch die Fragen, was kostet mich die Erstellung des Gummibärendatensatzes und was sind die Limitierungen? Zuerst die finanziellen Kosten, die vom Dozenten selber getragen werden müssen und in der Regel nicht von Universitäten übernommen. Diese liegen bei 12 EUR für 100 Tütchen in der Maxidose oder bei ca. 1,80 EUR für 20 Tütchen in der Packung. Die Maxidose ist nur online erhältlich, die Packungen in jedem größeren Supermarkt.

An Zeit kostet die Erstellung des Gummibärchendatensatzes eine gesamte Vorlesung. Die eigentliche Verteilung, Auszählung, Eintragen und das Sichern der Daten dauert ca. 45 min bei 50 Studierenden, die konzentriert mitarbeiten. Es kann aber auch eine Stunde dauern. Somit verbleibt von der Vorlesung von 2×45 min nur noch maximal die Hälfte der Zeit. Darüber hinaus sind die Studierenden nach der Datenerhebung immer noch sehr mit dem Prozess emotional beschäftigt. Es empfiehlt sich also für den Dozenten sich direkt nach der Erhebung mit der Gummibärchendaten zu beschäftigen. Was wurde eingetragen, wie sieht der Datensatz jetzt aus und welche Probleme könnten auftreten. Ist die Gruppe der Studierenden kleiner, so lässt sich die Datenerhebung der Gummibärchen auf maximal 30 min reduzieren. Der Wunsch der Studierenden, sich mit den gerade erfassten Daten auseinanderzusetzen ist aber auch in kleineren Gruppen häufig stärker ausgeprägt. Diese enge Bindung der Studierenden an die Daten war ein Ziel der Datenerfassung mit Gummibärchen. Lohnt es sich, für einen Datensatz eine Vorlesung zu opfern? Nach unserer Meinung: ja, wenn sich die folgenden Vorlesungen auch mit den Gummibärchendaten beschäftigen und Bezug darauf nehmen. Sonst ist der Aufwand zu groß. Insbesondere sind die Studierenden vielleicht enttäuscht, wenn der Datensatz später in den Vorlesungen nicht wieder inhaltlich behandelt wird.

Zu der Vorbereitungszeit lässt sich sagen, dass diese sich nur lohnt, wenn geplant ist, die Erstellung des Datensatzes zu wiederholen. In kleineren Seminaren kann der Ablauf geprobt werden, aber für eine einmalige Veranstaltung lohnt sich der Aufwand nicht. Wichtig ist daher außerdem, nicht nur die Vorbereitungszeit für die Erstellung des Datensatzes einzukalkulieren, sondern auch die Zeit für die Anpassung der nachfolgenden Vorlesungen.

Es sollte darauf geachtet werden, in welcher Fassung der Datensatz den Studierenden zur Bearbeitung übergeben werden soll. Je nach Studienfach und Lernzielen des Moduls mag der rohe Datensatz mit allen Fehler angemessen sein. Es sollte jedoch beachtet werden, dass die Aufreinigung des Datensatzes viel Zeit kostet und den Studierenden einiges an Frustoleranz abverlangt. Auf der anderen Seite können hier Konzepte wie *Reguläre Ausdrücke* hervorragend geübt werden. Daher muss insbesondere darauf geachtet werden, dass für den Dozenten der Fokus der Lehrveranstaltung klar ist. Zusätzliches Forschen von den Studierenden an dem Datensatz sind zu begrüßen, dürfen aber natürlich die Lernziele nicht vollständig verlassen. Hier empfiehlt es sich, für sehr engagierte Studierende Raum für einen Kursvortrag zu schaffen, in dem die Studierenden die gewonnenen Erkenntnisse präsentieren können.

Wir entschieden uns, für den R Kurs eine gekürzte Fassung des Datensatzes anzubieten, in dem jedoch alle Arten uns bekannter Fehler aus dem vollständigen Datensatz vorhanden sind. Für die Erfassung, Datenbereinigung und Auswertung reichen die für diesen Kurs angesetzten drei Termine à zwei Stunden plus Zeit für Hausaufgaben nicht aus. Die notwendige Datenbereinigung ist für insgesamt zwei Stunden über zwei Termine hinweg vorgesehen. Zwischen diesen Terminen war die Befassung mit den Inhalten des Gummibärendatensatz Teil der „Hausaufgabe". Es sollte zunächst selbstständig versucht werden, vorhandene Fehler zu finden und zu bereinigen. Während des zweiten Termins wurde die Datenreinigung dann gemeinsam abgeschlossen.

Eine Einordnung in den Kontext des forschungsbasierten Lernens und dem Story-Telling kann der Veröffentlichung von Kruppa und Kiehne (2019) entnommen werden. Die Einbindung von Story Elementen in den Mathematikunterricht in der Hochschullehre gibt Harding (2018). Diese Arbeit gibt einen guten Überblick und kritische Reflexionen für den eiligen Leser, der sich noch nicht tiefer mit dem Thema auseinandergesetzt hat. Einen umfassenden Leitfaden für die Erstellung ganzer Story Elemente und deren Nutzung in einer Vorlesung enthält Zazkis und Liljedahl (2009). Beide beschreiben detailliert die verschiedenen Storytypen und wie diese in einer Vorlesung systematisch angewendet werden können.

Wie schon besprochen, nutzt die Erstellung des Datensatzes allein nicht sehr viel bei der Motivierung der Studierenden. Die Studierenden erwarten nach der Erstellung des Datensatzes auch eine inhaltliche Auseinandersetzung. Dabei kann es auch zu neuen Fragestellungen durch die Studierenden kommen, sodass bei Wiederholung neue Schwerpunkte gesetzt werden können. Oder, um mit dem Ausruf einer Studentin in der darauffolgenden Vorlesung zu Enden: „Wann kriegen wir denn endlich die Gummibärchendaten?!".

Anhang

Folgende elektronische Materialien zu diesem Beitrag finden Sie online:

- Anhang 1 Gekürzter Beispielgummibärendatensatz, der auch in unseren R Kursen an der Charité Verwendung findet.

Literatur

Harding A (2018) Storytelling for Tertiary Mathematics Students. In: Invited Lectures from the 13th International Congress on Mathematical Education S. 195–207. Springer, Cham

Kruppa J, Kiehne B (2019) Statistik lebendig lehren durch Storytelling und forschungsbasiertes Lernen, die hochschullehre 5:501–524 http://www.hochschullehre.org/?p=1424

Zazkis R, Liljedahl P (2009) Teaching mathematics as storytelling. Brill Sense

Flipped Classroom mit SAS on Demand

SAS Studio in der Biometrieausbildung im Studiengang Humanmedizin

Rainer Muche, Andreas Allgöwer, Ulrike Braisch, Marianne Meule und Benjamin Mayer

9.1 Einleitung

In der Biometrie-Ausbildung verschiedener Studiengänge wird der Inhalt oft anhand von Statistiksoftwarekursen vermittelt. Ziel ist es, parallel zu den inhaltlichen Aspekten auch eine praktische Umsetzung anhand einer Statistiksoftware zu zeigen, sodass die

---

Elektronisches Zusatzmaterial Die elektronische Version dieses Kapitels enthält Zusatzmaterial, das berechtigten Benutzern zur Verfügung steht https://doi.org/10.1007/978-3-662-62193-6_9.

R. Muche (✉) · A. Allgöwer · U. Braisch · M. Meule · B. Mayer
Institut für Epidemiologie und Medizinische Biometrie, Universität Ulm, Ulm, Deutschland
E-Mail: rainer.muche@uni-ulm.de

A. Allgöwer
E-Mail: andreas.allgoewer@uni-ulm.de

U. Braisch
E-Mail: ulrike.braisch@uni-ulm.de

M. Meule
E-Mail: marianne.meule@uni-ulm.de

B. Mayer
E-Mail: benjamin.mayer@uni-ulm.de

Studierenden anschließend eigene Projekte umsetzen und auswerten können (Büchele und Muche 2006; Muche et al. 1999). Erfahrungsgemäß benötigen jedoch die Studierenden in solchen Seminaren lange für die Umsetzung technischer Aspekte, sodass Vermittlung, die theoretischen Grundlagen und Interpretation der statistischen Methoden zu kurz kommen. Bis alle die richtigen Schritte –selbst unter Anleitung – gefunden haben, dauert es oft lange. Leider zeigt die Erfahrung, dass die bisher erworbenen Kenntnisse zur Nutzung der Software beim nächsten Termin nicht zwangsläufig noch vorhanden sind, sodass dies zudem von der Zeit im Seminar abgeht. Die notwendige Übung und Umsetzung wird dann von den Studierenden in der nachfolgenden individuellen Nachbereitung erwartet. Das Problem hier ist, dass diese Phase unbegleitet ist und mögliche Fehler nicht korrigiert werden können.

9.2 Das Lehrkonzept Flipped Classroom

Die didaktische Methode des Flipped Classroom (e-teaching.org Redaktion 2019; Flaherty und Phillips 2015; Nimmerfroh 2019) dreht dies Szenario um (s. Abb. 9.1). Hier sollen sich die Studierenden vor dem Kurstermin selbstständig in die Materie bzw. Statistiksoftware einarbeiten und Übungen durchführen. Im Kurs können dann technische Probleme zu Beginn schnell geklärt werden und es bleibt (in der Theorie) mehr Zeit für die Besprechung und Diskussion der biometrischen Inhalte. Ein wesentlicher Vorteil dieses Vorgehens ist hier, dass diese Phase durch DozentInnen begleitet und supervisiert wird und

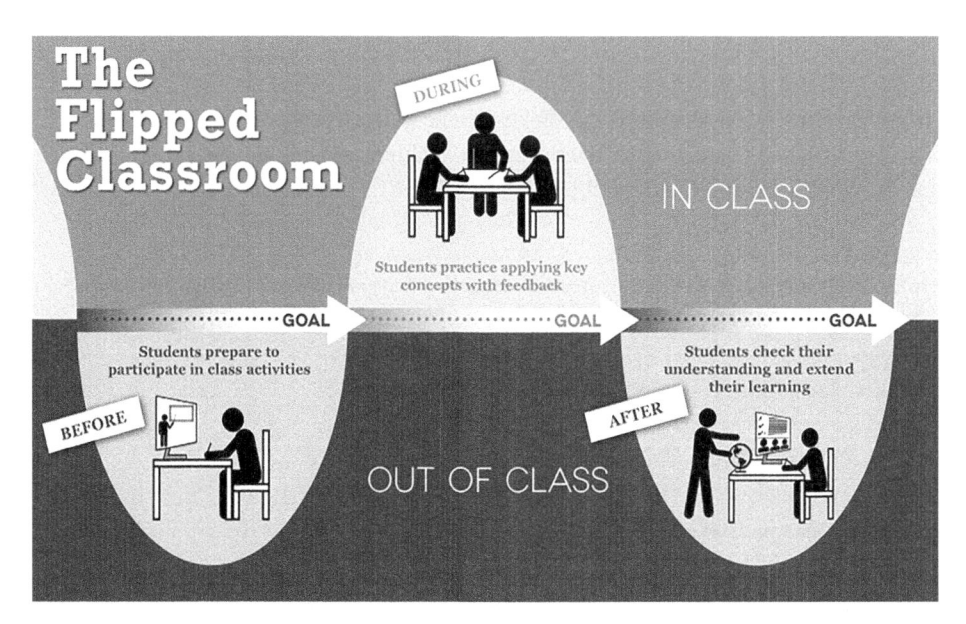

Abb. 9.1 Flipped Classroom. (übernommen mit freundlicher Genehmigung des Faculty Innovation Centre der University of Texas, Austin)

Fragen gleich geklärt werden können. Die Präsenzzeiten an der Hochschule werden so zur gemeinsamen, interaktiven Vertiefung genutzt (e-teaching.org Redaktion 2019).

Die Lernphasen werden also in eine Selbstlernphase und Präsenzphase in eben dieser Reihenfolge konzipiert, wobei sich eventuell noch eine Nachbereitungsphase anschließen kann. Die **Selbstlernphase** muss unterstützt werden durch geeignete Lernmaterialien und inhaltliche Hilfestellungen. Auch eine (zeitliche und organisatorische) Strukturierung ist für die Studierenden wichtig. Zur Überprüfung des Verständnisses werden oft auch Anreizsysteme zur Selbstkontrolle (z. B. automatisch auswertbare Übungsaufgaben) gefordert (e-teaching.org Redaktion 2019). Auch die **Präsenzveranstaltung** muss anders gestaltet werden als der übliche Unterricht. In (e-teaching.org Redaktion 2019) wird hier folgendes Vorgehen vorgeschlagen:

- Probleme ansprechen: Welche Schwierigkeiten gab es in der Selbstlernphase?
- Gemeinsame Aufgabenbearbeitung: eher Gruppenarbeit und Diskussionen
- Aktives Plenum: Vorstellung der Lösungen durch die Studierenden

Als mögliche Stolpersteine werden u. a. in (e-teaching.org Redaktion 2019) genannt, dass die Präsenzsitzung schwierig durchzuführen ist, wenn einige Studierende nicht vorbereitet sind. Auch muss gewährleistet sein, dass alle Studierenden die technische Ausstattung zur Nutzung der Lernmaterialien haben. Als wichtig wird hervorgehoben, dass die Methode in Pflichtkursen besser akzeptiert wird als in optionalen Lehrveranstaltungen. In Bezug auf die DozentInnen ist als Hindernis der hohe Aufwand bei der Erstellung der Materialien zu nennen. Da die Studierenden während der Selbstlernphase nicht direkt nachfragen können, sind eventuell Beratungsmöglichkeiten anzubieten (elektronisch z. B. über einen Virtual Classroom oder als Präsenzangebot).

Allerdings gibt es einige Vorteile, die man folgendermaßen zusammenfassen kann:

- die Studierenden lernen wesentlich intensiver bei der Eigenarbeit
- das Lerntempo und die Lernstrategie kann durch die Studierenden selbst festgelegt werden
- die Studierenden sind meist wesentlich aktiver, z. B. auch in Bezug auf eigene Recherchen zum Thema
- die Interaktion zwischen Studierenden wird durch Lerngruppen gefördert
- in der Präsenzveranstaltung kann man sich auf den biometrischen Inhalt besser konzentrieren und muss nicht viele technische Aspekte behandeln
- die erstellten Lehrmaterialien können nachhaltig wiederverwendet werden

Notwendig für die Umsetzung des Flipped-Classroom-Konzepts in einem Statistiksoftwarekurs im Fach Biometrie sind dann danach geeignete Lehrmaterialien, eine Software, die von den Studierenden bei der Einarbeitung genutzt werden kann, sowie die geeignete Umsetzung der Selbstlern- und Präsenzphasen bis hin zur Prüfung. In den nächsten Abschnitten werden diese Voraussetzungen und unsere Umsetzungsansätze dargestellt.

9.3 Beispielanwendung: Flipped Classroom im Biometrie-Unterricht im Studiengang Humanmedizin in Ulm

Alle Studierenden des 7. Semesters haben im Humanmedizinstudiengang in Ulm als Pflichtkurs das Seminar Biometrie im Querschnittsfach Q1 (Medizinische Informatik, Biometrie, Epidemiologie) zu absolvieren. Neben einer einführenden und begleitenden Vorlesung (8 × 2 UE) haben alle Studierende in einer Seminargruppe den Kurs an 6 × 2 UE zu absolvieren. Für einen Teil der Studierenden können wir dies Seminar als Softwarekurs anbieten (6 von 16 Seminargruppen). Eine Ausweitung für mehr Gruppen ist bisher aufgrund von Kapazitätsengpässen in PC-Pools nicht möglich.

Die bisher übliche Durchführung des Statistiksoftwarekurses sieht folgendermaßen aus:

- 6 Termine mit jeweils unterschiedlichen inhaltlichen Schwerpunkten (Versuchs-planung, Deskriptive Statistik, Überlebenszeitanalyse, Konfidenzintervalle, Regression und Korrelation, Statistische Tests).
- Jeweils Präsenzveranstaltung im PC-Pool: kurzer Input zum Inhalt und Umsetzung der Auswertung mit der Statistiksoftware; eigene Durchführung der Auswertung; Zusammenstellung der Ergebnisse; Musterlösung präsentieren im Plenum; Kurztest zur Überprüfung der Kenntnisse
- Hinweise auf eigene weitere Nutzung der Software in der Nachbereitungsphase zum Beispiel für Dissertationsprojekte.
- Als Statistiksoftware kommt zurzeit SPSS zum Einsatz (wegen ausreichender Landeslizenz in den PC-Pools). Auch SAS-Analyst (Muche et al. 2000) und RExcel (Muche et al. 2011) sind in der Vergangenheit genutzt worden.

Die größten Probleme bei dieser Art der Durchführung können wie folgt zusammengefasst werden:

- SPSS steht den Studierenden zwar theoretisch über die öffentlichen PC-Pools der Universität zur Vorbereitung auf den Unterricht zur Verfügung, jedoch wird diese Möglichkeit nur selten in Anspruch genommen.
- Somit beginnt die Einarbeitungs- und Übungsphase in die Nutzung der Software erst im Seminar. Bei einigen wenigen nimmt die Einführung in die technischen Aspekte sehr viel Zeit in Anspruch, bis sie die technische Umsetzung der Auswertung eigenständig durchführen können. Die anderen Studierenden langweilen sich dann und sind so demotiviert, da der Unterricht nicht effizient ist. Außerdem bleibt am Ende meist keine oder nur wenig Zeit, die Ergebnisse aus biometrischer Sicht zu besprechen und zu interpretieren. Es bleibt also meist bei der technischen Umsetzung der Berechnung der statistischen Kenngrößen ohne eine intensive Interpretation.
- Diese Interpretation wird somit in die individuelle Nachbereitungsphase geschoben. Fehler in dieser Phase können nicht korrigiert werden und sind Hürden bei der

Umsetzung von Dissertationen oder anderen wissenschaftlichen Auswertungen der Studierenden.

Deshalb erscheint es sinnvoll, den Statistiksoftwarekurs im Pflichtseminar Q1/Biometrie als Flipped Classroom umzusetzen. Dieser Ansatz ist schon in (Loux et al. 2016) beschrieben, muss allerdings auf die hiesige Situation und die Rahmenbedingungen des Pflichtunterrichts im Medizinstudiengang angepasst werden.

Wenn die Studierenden die Nutzung der Software schon vorab in einer Selbstlernphase üben, können die unterschiedlichen Vorkenntnisse in der Computernutzung ausgeglichen werden, da unterschiedliche Einarbeitungszeiten individuell anpassbar sind. Dann können zu Beginn der Präsenzphase Probleme in der Handhabung der Software besprochen und die Ergebnisse abgeglichen werden. Es bleibt anschließend Zeit, die Ergebnisse zu interpretieren. Eventuell könnte man auch noch Transferaufgaben (Übertragung der Auswertung auf andere Auswertungssituationen) vergeben und üben.

Für eine Umsetzung des Konzeptes auf unsere Rahmenbedingungen der Statistiksoftwarekurse sind mindestens folgende Voraussetzungen zu beachten und umzusetzen:

- Erstellung geeigneten Lehrmaterials (Skript, Lehr-Videos, aufbereitete Aufgaben, Beispieldatensatz mit Erläuterungen, Lehr- und Lernumgebung (Moodle)). Ausführungen zu diesen Materialien finden sich im Abschn. 9.3.2.
- Motivierte DozentInnen, mit geeigneter Einführung und Mitarbeit bei der Konzeption des Kurses sowie einer umfangreichen Ausbildung.
- Die Prüfungsmöglichkeiten (Muche 2009) für den Pflichtkurs Q1/Biometrie müssen erhalten bleiben (s. Abschn. 9.3.4).
- Als wichtigste Notwendigkeit muss eine geeignete Statistiksoftware vorhanden sein, die jedem Studierenden uneingeschränkt zur Verfügung steht und den Inhalt des Kurses in einer nicht allzu komplexen Umsetzung abdeckt. Die Auswahl der Statistiksoftware (hier SAS-Studio unter SAS on Demand for Academics) wird ausführlich im nächsten Abschn. 9.3.1 beschrieben.

Ob die Studierenden mit den angebotenen Lehrmaterialien zurechtkommen, muss nach Einführung des Konzeptes evaluiert werden. Wir wollen in einer vergleichenden Studiensituation die Umsetzung mit dem bisherigen Ablauf vergleichen. Genaueres dazu findet sich im Abschn. 9.3.6. Um den Studierenden Hilfestellung bei technischen Problemen in der Selbstlernphase geben zu können wäre es z. B. sinnvoll, Beratungsmöglichkeiten über studentische Hilfskräfte oder MitarbeiterInnen des Instituts 2 bis 3 mal pro Woche anzubieten. Auch dies Angebot muss dann überprüft werden.

9.3.1 Auswahl der Statistiksoftware

In einem früheren Lehrprojekt zur Nutzung von Statistiksoftware im Biometrie-Unterricht im Medizinstudiengang wurden in Muche und Babik (2008) einige Kriterien für die Auswahl einer geeigneten Statistiksoftware für Studierenden-Kurse aufgestellt (s. Abb. 9.2). Wichtig dabei sind u. a.

- eine einfach zu erlernende Oberfläche
- ausreichender Umfang der statistischen Verfahren
- erweiterbar für komplexere Anforderungen und spätere Nutzbarkeit
- geringe Kosten

Für den Einsatz in einem Kurs nach dem Flipped-Classroom – Prinzip sind zwei weitere Aspekte wichtig:

- Zugriff möglichst zu jeder Zeit
- deutschsprachige Literatur (Skript, Lernmaterialien)

SAS bietet mit SAS-Studio eine relativ einfach zu nutzende menügesteuerte Oberfläche (Ortseifen 2016) an, in der die wichtigsten statistischen Methoden, die im Biometrie-Unterricht im Medizinstudium gelehrt werden, verfügbar sind. Da bei der Auswertung in dieser Oberfläche SAS-Code produziert wird, kann dies auch zur Einarbeitung in die SAS-Syntax nachhaltig genutzt werden. Dementsprechend wurde von uns diese Software als Grundlage für den Flipped-Classroom-Ansatz geprüft.

Abb. 9.3 zeigt die SAS-Studio Oberfläche. In der Abbildung sieht man, wie durch Nutzung der menügesteuerten Tasks die gewünschten Auswertungen auszuwählen sind – hier die Erzeugung eines Balkendiagramms. Auf der rechten Seite sind dann die Menüs zur Eingabe der relevanten Informationen, wie den auszuwertenden Variablen, zu finden. Diese können dort direkt ausgewählt werden. Die Auswahl erzeugt dann klassischen SAS-Syntax-Code, der im Editorfenster CODE angezeigt wird. Dieser kann dann abgespeichert, verändert und zu Dokumentationszwecken abgelegt werden. Der SAS-Log und die Ergebnisse werden dann in den Ausgabefenstern ausgegeben und können entsprechend weiterverarbeitet werden.

Der Zugriff auf SAS-Studio kann für Studierende und Dozenten kostenlos über die SAS-Oberfläche „SAS on Demand for Academics" (SAS onDemand for Academics

Abb. 9.2 Auswahlkriterien für eine Statistiksoftware (Muche und Babik 2008)

Auswahlkriterien	
• Benutzeroberfläche	• Validierung
• Kosten	• Vorarbeiten
• Leistungsumfang	• Vorhandene Software
• Spätere Nutzbarkeit	• Vorkenntnisse

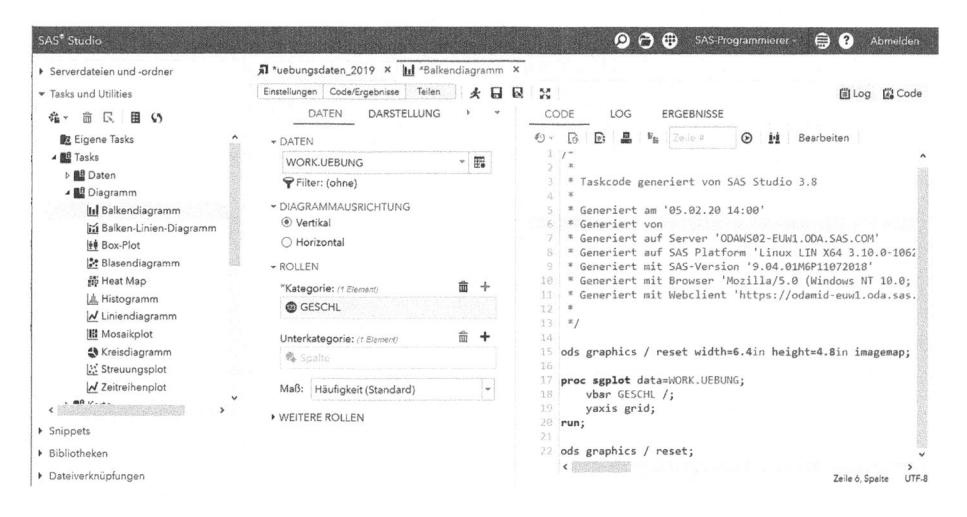

Abb. 9.3 SAS-Studio Oberfläche, Auswahlmenü

2019) erfolgen. Diese Oberfläche kann jederzeit (nach Registrierung) über das Internet und jeden Browser erreicht werden. Die Lehrmaterialien und -daten können vom Dozenten hochgeladen und zur Verfügung gestellt werden. Die Software ist in der Cloud erreichbar und kann so von überall genutzt werden.

Der Dozent des Kurses legt in dem System einen Kurs an, in dem u. a. auch die Beispieldaten für die Nutzung im Seminar hinterlegt werden. Die Studierenden müssen sich jeweils einzeln registrieren und können dann auf die Materialien und die Software zugreifen. Eine genaue Anleitung für die Registrierung in SAS on Demand sowie in dem Kurs wird dann für die Studierenden vorbereitet.

Die Nutzung dieses Angebotes gilt für den akademischen Bereich und darf nicht für kommerzielle Nutzung eingesetzt werden. Diese Lizenzanforderung ist in unserem Biometrie-Kurs natürlich eingehalten. Auch eine Nutzung für eine spätere Nutzung in Dissertationsprojekten ist durch diese Lizenzbestimmung möglich.

Bis auf die Forderung nach deutschsprachiger Literatur und Lernmaterialien sind somit alle wesentlichen Anforderungen an eine geeignete Statistiksoftware für eine Umsetzung des Flipped-Classroom – Konzeptes für einen Statistiksoftwarekurs aus unserer Sicht erfüllt.

9.3.2 Lehrmaterial

Für die Nutzung von SAS-Studio im Bereich Statistik und Biometrie gibt es bisher „nur" englischsprachige Literatur. Die Lehrbücher von Cody (Cody 2016, 2019) (s. Abb. 9.4) gelten hier als Standardwerke. Einige kurze deutschsprachige Übersichten über

Abb. 9.4 Lehrbücher von R. Cody 2016, 2019, unser Skript (Büchele et al. 2019a) zur Nutzung von SAS Studio

SAS-Studio (z. B. Ortseifen 2016) helfen etwas weiter, können aber die Nutzung nicht mit dem Inhalt der Lehrveranstaltung (hier Biometrie) verknüpfen.

Deshalb haben wir ein Skript für die Nutzung von SAS-Studio unter SAS on Demand erstellt (Büchele et al. 2019a). Der Inhalt orientiert sich an schon in der Vergangenheit publizierten Einführungen in Biometrie durch eine Statistiksoftware (Muche et al. 2000, 2011]. Auch das jetzt erstellte Skript ist im Springer Verlag veröffentlicht worden (Büchele et al. 2019a) und kann deshalb aus Lizenzgründen nicht den Materialien beigelegt werden. Die Ulmer Studierenden bekommen das fast inhaltsgleiche Skript kostenlos für die Nutzung im Flipped Classroom (und darüber hinaus).

Für einen einfacheren Zugang planen wir darüber hinaus, die einzelnen Datenmanagement- und Analyseschritte als einfache Videosequenzen aufzunehmen und den Studierenden zur Einarbeitung zur Verfügung zu stellen. Im ersten Schritt werden wir kommentiert die von SAS zur Verfügung gestellten Videos zur Nutzung von SAS Studio den Studierenden anbieten.

Ebenfalls notwendig ist die Bearbeitung der Aufgabenstellungen für den Kurs. Bisher ist die genaue, detaillierte Beschreibung und Verständlichkeit der Aufgaben nicht so relevant gewesen, da die Bearbeitung ja üblicherweise im Beisein der DozentInnen im Präsenzunterricht erfolgt. In diesem Rahmen können weitere Hinweise mündlich gegeben werden. Dies ist beim Einsatz des Flipped Classroom Konzepts nicht möglich. Deshalb müssen die Aufgaben selbsterklärend sein und entsprechend umgearbeitet und evtl. um Erklärungen ergänzt werden.

Überlegt werden sollte, ob eine Einführungsveranstaltung im Plenum für aller TeilnehmerInnen im Flipped Classroom vor der Selbstlernphase durchgeführt werden sollte. Dort könnten alle Elemente – von der Registrierung bis zur Nutzung der Lernmaterialien und Hilfemöglichkeiten – besprochen werden.

Die Materialien stehen den Studierenden für den Zeitraum des Seminars unter der üblichen Lernplattform Moodle jederzeit über Internet zur Verfügung.

Nach Fertigstellung der Lehrmaterialien ist eine Evaluationsphase vorgesehen, in der Studierende und MitarbeiterInnen des Instituts mit unterschiedlichen Vorerfahrungen in der Nutzung von Statistiksoftware die Nutzung der Software und der Lehrmaterialien testen. Ziel ist herauszufinden, ob der Einsatz zielgerichtet ist und das Lernziel der Nutzung der Software erreicht wird.

9.3.3 Vorbereitung der Lehrenden

Ein wichtiger Aspekt in der Lehre, gerade aber auch im Flipped Classroom, sind die Kenntnisse und Motivation der DozentInnen. Im ersten Durchgang werden die KollegInnen, die schon jetzt mehrere Jahre den SPSS-Kurs leiten, ebenfalls den SAS Studio Ansatz lehren. Diese sind motiviert, an einer Verbesserung der Statistiksoftwarekurse mitzuarbeiten. In der Evaluationsstudie werden wir die KollegInnen so stratifizieren, dass sie jeweils einen SPSSS- und einen SAS Studio-Kurs leiten werden, sodass im Vergleich die notwendigen Verbesserungen und Veränderungen nach einem ersten Pilotsemester erkannt werden. Eine intensive Vorbereitung und gemeinsame Einführung ergänzt diesen Ansatz.

9.3.4 Prüfung

Alle Kurse (Statistiksoftware- und Standardkurse) werden Semester-begleitend an jedem von insgesamt sechs Terminen anhand von Kurztests abgeprüft. Die Prüfungsform am Ende jeder Übung hat sich über Jahre bewährt, da eine kontinuierliche Mitarbeit der Studierenden über das gesamte Semester erreicht wird. Für die Durchführung im PC-Kurs haben wir ein (halb-) automatisches Prüfungstool in SAS programmiert (Muche 2009), in das die Ergebnisse der Analysen in eine MS-Access-Maske eingetragen und mit SAS-Programmen ausgewertet werden.

Dieses Prüfungsvorgehen ist unabhängig von der eingesetzten Statistiksoftware im Kurs. Ein Umstieg auf SAS-Studio ist dementsprechend für die Nutzung der automatisierten Prüfungssituation kein Problem. Auch ist der Flipped-Classroom Ansatz nicht hinderlich, da alle Studierenden im Gegensatz zur bisherigen Übung direkt vor dem Kurztest mehr Zeit haben, die Software und die Auswertungsschritte und -inhalte kennen zu lernen. Es führt unseres Erachtens dazu, dass die Studierenden in höherem Maße vorbereitet in den Unterricht kommen, da sie sonst Probleme bei der Prüfung befürchten müssen.

9.3.5 Evaluation: Cluster-randomisierter Ansatz

Bei der Einführung des Flipped-Classroom Ansatzes im Statistiksoftwarekurs im Seminar Biometrie soll dieser verglichen werden mit dem bisherigen Standardkurs (Einsatz von SPSS). Anhand von Fragebögen soll die Akzeptanzevaluation zu Beginn und am Ende des Kurses erhoben sowie anhand der erzielten Punkte in den Kurztests eine Ergebnisevaluation durchgeführt werden. Dazu werden die 6 PC-Kursgruppen zufällig in die beiden Lehrkonzepte eingeteilt (Cluster-Randomisierung) und entsprechend der jeweilige Kursansatz umgesetzt. Die Parameter der Akzeptanz- und Ergebnisevaluation werden dann verglichen.

Der Zeitplan sieht vor, im Jahr 2020 die Lehrmaterialien und die Einführung des Kurses inklusive Studie vorzubereiten. Der erste Einsatz kann dann im Wintersemester 2020/2021 erfolgen. Im Anschluss wird dann die Auswertung dieser Studie zu Ergebnissen führen, die für die Weiterentwicklung der Lehrsituation wichtige Aspekte beitragen können.

9.4 Diskussion und Ausblick

Das Lehrformat Flipped Classroom wird für Studierende im Pflichtkurs Q1/Biometrie bei uns am Standort angeboten. Uns ist die Präsenzphase sehr wichtig, um mit den Studierenden intensiver die Interpretation der statistischen Ergebnisse besprechen zu können. Deshalb erhoffen wir uns von der vorgeschalteten Selbstlernphase viel Input gerade für eine solche Diskussion der biometrischen Inhalte, da sich die Umsetzung der Technik des Einsatzes der Statistiksoftware in der Präsenzphase deutlich verringern sollte.

Die Voraussetzungen für den Einsatz der Flipped-Classroom – Methode zur Nutzung von Statistiksoftware sind größtenteils gegeben. Mit SAS-Studio (über SAS on Demand genutzt) steht für Studierende eine kostenlose, überall einsetzbare Software zur Verfügung. Die Möglichkeit, dieses Tool als maus- und menügesteuerte Software zu nutzen, sollte die Einführung auch ohne lange Einarbeitungszeit für die Studierenden ermöglichen. Das von uns zur Verfügung gestellte deutschsprachige Skript sollte die Umsetzung der Übungsaufgaben ermöglichen und erleichtern. Die Erstellung von weiterem Material (angepasste Übungsaufgaben, Videos, u. ä.) ist in Vorbereitung. Damit kann dann das Konzept, die Statistiksoftwarelehre als Flipped Classroom durchzuführen, umgesetzt werden.

Ein erster Einsatz im Pflichtunterricht soll als Lehrprojekt erfolgen. Als Begleitforschung und Evaluation haben wir einen cluster-randomisierten Forschungsansatz gewählt, der mögliche Probleme, Lücken, notwendige Hilfestellungen etc. identifizieren soll. Beginnen wollen wir im nächsten Wintersemester 2020/2021. Bis zu einem ordentlichen Regeleinsatz rechnen wir allerdings mit einigen weiteren Schritten und 1–2 weiteren Durchführungen.

Anhang

Im elektronischen Anhang finden Sie beispielhaft die Übungsaufgaben und Lösungen für den zweiten Termin, der das Thema Deskriptive Statistik aufgreift. Zusätzlich zeigen wir einen Ausschnitt aus den Begleitmaterialien für diese Übung, speziell für die Erstellung eines Histogramms.

Die Hauptbeschreibung findet sich im Skript, was wir hier aus lizenzrechtlichen Gründen nicht zeigen können. Wir zeigen ein Hinweisblatt mit den wichtigsten Einstellungen in SAS-Studie für ein Histogramm, das fertige Produkt sowie ein von uns produziertes Lehrvideo für die Erstellung eines Histogramms sowie hier einen link für ein Originalvideo von SAS: https://video.sas.com/detail/video/4573023402001/creating-a-histogram-in-sas-studio.

Die Fragebögen für die Evaluationsstudie werden ebenfalls zur Verfügung gestellt.

Da das Skript im Springer Verlag erschienen ist, können wir dies aus lizenzrechtlichen Gründen leider nicht online stellen.

Literatur

Büchele G, Muche R (2006) Problem-basiertes Lernen im Rahmen einer SAS-9- Einführungsvorlesung. In: Kaiser Bödeker (Hrsg) Proceedings der 10. KSFE-Konferenz. Shaker, Aachen, S 35–44

Büchele G, Rehm M, Muche R (2019a) Medizinische Statistik mit SAS-Studio unter SODA. Springer, Heidelberg

Büchele G, Rehm M, Peter RS, Hezler L, Vilsmeier J, Muche R (2019b) Nutzung von SAS-Studio unter SAS OnDemand for Academics anhand eines Lernskriptes. In: Rendtel MM (Hrsg) Proceedings der 23. KSFE-Konferenz. Shaker, Aachen, S. 37–42

Cody R (2016) Biostatistics by Example using SAS Studio. SAS Institute, Cary NC

Cody R (2019) A gentle introduction to statistics using SAS studio. SAS Institute, Cary NC

e-teaching.org Redaktion: Inverted Classroom. Leibniz-Institut für Wissensmedien. https://www.e-teaching.org/lehrszenarien/vorlesung/inverted_classroom (19.02.2019)

Faculty Innovation Center: Flipped Classroom. https://facultyinnovative.utexas.edu/flipped-classroom

Flaherty JO, Phillips C (2015) The use of flipped classrooms in higher education: a scoping review. Internet High Educ 25:85–95

Loux TM, Varner SE, VanNatta M (2016) Flipping an introductory Biostatistics course: a case study of student attitudes and confidence. J Stat Educ 24:1–7

Muche R, Babik T (2008) Auswahl und einbindung einer Statistiksoftware im „Lehrprojekt Biometrie" an der Universität Ulm. GMS Med Inform Biom Epidemiol 4(1), Doc02

Muche R, Büchele G, Imhof A, Habel A (1999) Erfahrungen mit SAS-Kursen für unterschiedliche Nutzergruppen. In: Proceedings der 3. KSFE-Konferenz. Shaker, Aachen, SS. 177–182

Muche R, Habel A, Rohlmann F (2000) Medizinische Statistik mit SAS-Analyst. Springer, Berlin

Muche R, Kocak S, Jäckel E, Janz B, Einsiedler B (2009) Automatisierte Unterstützung für Prüfungen in Statistiksoftwarekursen im Humanmedizinstudium. In: Spilke Härting, Becker Schumacher (Hrsg) Proceedings der 13. KSFE. Shaker, Aachen, S 195–210

Muche R, Lanzinger S, Rau M (2011) Medizinische statistik mit R und Excel. Springer, Berlin
Nimmerfroh M-C (2019) Flipped Classroom. www.die-bonn.de/wb/2016-flipped-classroom-01.pdf (12.2.2019)
Ortseifen C (2016) Einführung in bzw. Vorstellung von SAS Studio 3.4. In: Chenot Minkenberg (Hrsg) Proceedings der 20. KSFE-Konferenz. Shaker, Aachen, S 193–206
SAS onDemand for Academics (2019) https://www.sas.com/en_us/software/on-demand-for-academics.html (12.2.2019)

P-Wert im Geldbeutel?

Eine Simulationsstudie für den p-Wert

Geraldine Rauch

10.1 Einleitung

Dieser Artikel beschreibt eine Möglichkeit den p-Wert durch eine Simulationsstudie im Rahmen einer beliebigen Präsenzveranstaltung einzuführen. Die Unterrichtseinheit „p-Wert im Geldbeutel" benötigt für die Vorbereitung der Simulationsstudie, für deren Durchführung, sowie die Auswertung und die Nachbesprechung ungefähr eine halbe bis eine Zeitstunde, je nach Vorwissen der Studierenden. Die Unterrichtseinheit wurde bisher im Studiengang der Humanmedizin am Universitätsklinikum Heidelberg und an der Charité – Universitätsmedizin Berlin erprobt. Außerdem liegen Anwendungserfahrungen im Masterstudiengang Bioinformatik der Freien Universität Berlin vor. Die genauen Voraussetzungen für die Durchführung der Unterrichtseinheit werden im Abschnitt Methodik beschrieben.

10.2 Methodik

10.2.1 Benötigtes Material

Für die im Folgenden beschriebene Unterrichtseinheit „p-Wert im Geldbeutel" benötigt jeder Studierende eine Münze. Da Studierende üblicherweise etwas Münzgeld bei sich tragen, muss hier vom Dozierenden kein Material vorab vorbereitet oder mitgebracht werden.

G. Rauch (✉)
Institut für Biometrie und Klinische Epidemiologie, Charité – Universitätsmedizin Berlin, Berlin, Deutschland
E-Mail: geraldine.rauch@charite.de

Der Dozierende benötigt Tafel und Kreide. Für größere Gruppengrößen mit mehr als 20 TeilnehmerInnen empfiehlt sich außerdem die Nutzung eines webbasierten Abstimmungssystems. Hierfür gibt es zahlreiche Anbieter im Netz. Die meisten dieser Tools erlauben kostenlose, begrenzte Testnutzungen, die für diese Zwecke völlig ausreichend sind. Sofern ein webbasiertes Abstimmungssystem zum Einsatz kommt, benötigen die Studierenden zusätzlich Smartphones oder einen Laptop und es muss WLAN im Unterrichtsraum vorhanden sein. Es können aber auch mehrere Studierende ein Endgerät (Smartphone oder Laptop) gemeinsam nutzen, sodass die technische Ausstattung der Studierenden hier kein limitierender Faktor sein sollte.

10.2.2 Vorausgesetztes Vorwissen der Studierenden

Für die Durchführung der Unterrichtseinheit „p-Wert im Geldbeutel" sollten die Studierenden mit den Grundlagen statistischer Tests vertraut sein. Insbesondere sollten die Begriffe „Nullhypothese", „Alternativhypothese" und „Teststatistik" bereits bekannt sein. Die Konzepte von „p-Wert", „kritischem Wert" und „Signifikanzniveau" können jedoch gut anhand der neuen Unterrichtseinheit vermittelt werden. Der statistische Test wird üblicherweise anhand mehrerer Schritte eingeführt. Die Unterteilung dieser Schritte ist nicht in jedem Lehrbuch einheitlich. In *Medizinische Statistik für Dummies* von Rauch et al. (2020) werden sechs Schritte des statistischen Tests formuliert:

1. Formulierung der Null- und Alternativhypothese,
2. Wahl einer geeigneten Teststatistik,
3. Festlegung des Signifikanzniveaus,
4. Datenerhebung,
5. Einsetzen der Daten in die Teststatistik und Testentscheidung sowie,
6. Interpretation des Testergebnisses.

Die Unterrichtseinheit „p-Wert im Geldbeutel" setzt thematisch nach Schritt 2 an und kann genutzt werden, um Schritte 3 bis 6 zu illustrieren und zu erklären.

10.2.3 Einführung in die Unterrichtseinheit

Die Unterrichtseinheit beruht auf dem Konzept des Binomialtests für die allgemeine Nullhypothese H_0: $\pi \leq 0.5$ mit der Alternativhypothese H_1: $\pi > 0.5$. Um diese Hypothesen inhaltlich zu motivieren, gibt es zahlreiche (medizinische) Fragestellungen, die zur Einleitung der Unterrichtseinheit verwendet werden können, zum Beispiel:

1. *Ist die Mehrheit der Deutschen für Forschung an embryonalen Stammzellen?*
2. *Gibt es mehr weibliche Neugeborene als männliche?*
3. *Zeigt die Mehrheit der Patienten, die ein bestimmtes Medikament einnehmen, den gewünschten Therapieerfolg?*
4. *Ist die Mehrheit der Vorstandsämter durch Männer besetzt?*
5. *Tragen Affenmütter ihr Kind häufiger links als rechts?*

Diese Liste kann beliebig erweitert werden. Schön ist es natürlich, wenn die Fragestellung aus einer inhaltlich passenden Publikation oder einem Zeitungsartikel heraus motiviert ist. Im Folgenden wird die Unterrichtseinheit „p-Wert im Geldbeutel" anhand der erstgenannten Fragestellung motiviert. Zur Motivation dieser Fragestellung eignet sich ein Zeitungsartikel aus der Süddeutschen Zeitung von 2010 mit dem Titel „Mehrheit gegen Forschung an embryonalen Stammzellen". Eine Übertragung des Unterrichtskonzepts auf andere Fragestellungen ist aber ohne Schwierigkeiten möglich.

Der Dozierende kann zu Beginn der Unterrichtseinheit Kopien dieses Zeitungsartikels austeilen oder einen Ausschnitt des Artikels in einem Foliensatz darstellen. Basis des Zeitungsartikels ist eine Umfrage unter Deutschen durch das Meinungsforschungsinstitut TNS Infratest. Es wird ein Prozentsatz von 56,3 Prozent der Befragten genannt, der sich bei der Umfrage gegen Forschung an embryonalen Stammzellen ausspricht.

Als erste Aufgabe kann der Dozierende die Studierenden dazu auffordern, eine Null- und Alternativhypothese für die zugrundeliegende Fragestellung der Umfrage in Worten zu formulieren. Die Lösung wäre dann.

H_0: Die Wahrscheinlichkeit π, dass ein zufällig ausgewählter Deutscher die embryonale Stammzellforschung ablehnt, ist kleiner oder gleich 50 % ($\pi \leq 0{,}5$)

versus

H_1: Die Wahrscheinlichkeit π, dass ein zufällig ausgewählter Deutscher die embryonale Stammzellforschung ablehnt, ist größer als 50 % ($\pi \leq 0{,}5$).

Im Anschluss kann der Dozierende nun Beispiele geben, was das im Zeitungsartikel genannte Ergebnis bedeuten könnte. Bei 1000 Befragten gäbe es 563 Stammzellgegner, aber auch bei nur 16 Befragten käme man bei neun Gegnern auf 56,3 Prozent. Der Dozierende kann nun ins Publikum fragen, ob sich die Studierenden bei neun Stammzellgegnern unter 16 Befragten schon klar gegen die Nullhypothese entscheiden würden. In einer kurzen Diskussion mit den Lernenden wird schnell klar, dass neun von 16 zwar im Bereich der Alternativhypothese liegt, weil es eben eine Mehrheit der Stammzellgegner gibt, aber dass diese Mehrheit eben nicht überzeugend ist, da es ja nur *einen*

Gegner mehr gibt im Vergleich zu einem „Fifty-Fifty" Ausgang (acht Gegner, acht Befürworter). Der Dozierende kann nun fragen, wie denn bewertet werden kann, ob das Ergebnis neun von 16 nur zufällig von der „Fifty-Fifty" Verteilung abweicht, was ja gerade noch der Nullhypothese entsprechen würde.

10.2.4 Durchführung der Unterrichtseinheit

Nach dieser Einführung kann nun das eigentliche Experiment beginnen. Dafür gibt der Dozierende folgende Aufgabenstellung:

Nehmen Sie eine beliebige Münze zur Hand. „Zahl" steht für einen Gegner embryonaler Stammzellforschung. Werfen Sie die Münze 16mal und notieren sie die Anzahl der „Zahl"-Würfe.

Die Studierenden führen im Anschluss das Münzwurfexperiment durch. Der Dozierende hat zwei Möglichkeiten die Wurf-Ergebnisse der Studierenden abzufragen:

1. **Abfrage für kleine Gruppen (bis zu 20 Personen):** Der Dozierende fragt jeden Studierenden einzeln nach der Anzahl der Zahl-Würfe und notiert das Ergebnis an der Tafel in einem schematischen Balkendiagramm, wie Abb. 10.1 zeigt.

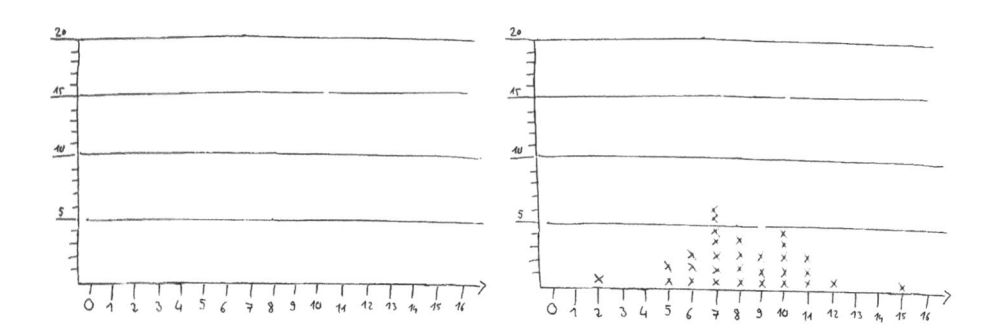

Abb. 10.1 Links: Vorbereitung der Abfrage an der Tafel durch den Dozierenden; **Rechts:** Eintragen der Ergebnisse der Studierenden als schematisches Balkendiagramm

10 P-Wert im Geldbeutel?

2. **Abfrage für mittelgroße und große Gruppen (über 20 Personen):** Hierfür richtet der Dozierende **vor dem Unterricht** eine Multiple-Choice Frage in einem webbasierten Abstimmungssystem ein. Die Software OnlineTED (www.onlineted.de) oder Mentimeter (https://www.mentimeter.com/) sind hier zwei von vielen Anbietern, die einen kostenlosen, begrenzten Gastzugang anbieten. Die kostenpflichtigen Versionen bieten mehr Freiheitsgrade. Abb. 10.2 zeigt eine mögliche Formulierung der Abfrage anhand des Abstimmungssystems OnlineTED.

Abb. 10.2 Aufbau der Abfrage in einem webbasierten Abstimmungssystem

onlineTED
voting made simple

Website zur Anmeldung: www.onlineted.de
Freischaltcode: 9848

Werfen Sie 16mal eine Münze. In wie vielen Fällen beobachten Sie das Ergebnis "Zahl"?

A	0
B	1
C	2
D	3
E	4
F	5
G	6
H	7
I	8
J	9
K	10
L	11
M	12
N	13
O	14
P	15
Q	16

0 Stimmen

Der Dozierende richtet die Frage vorab ein und schaltet die Frage dann während der Vorlesung als aktiv. Die Studierenden können sich dann über die Webseite www.onlineted.de mithilfe eines Freischaltcodes anmelden und die Frage auf ihrem Smartphone beantworten. Abb. 10.3 zeigt das Ergebnis einer fiktiven Abstimmung.

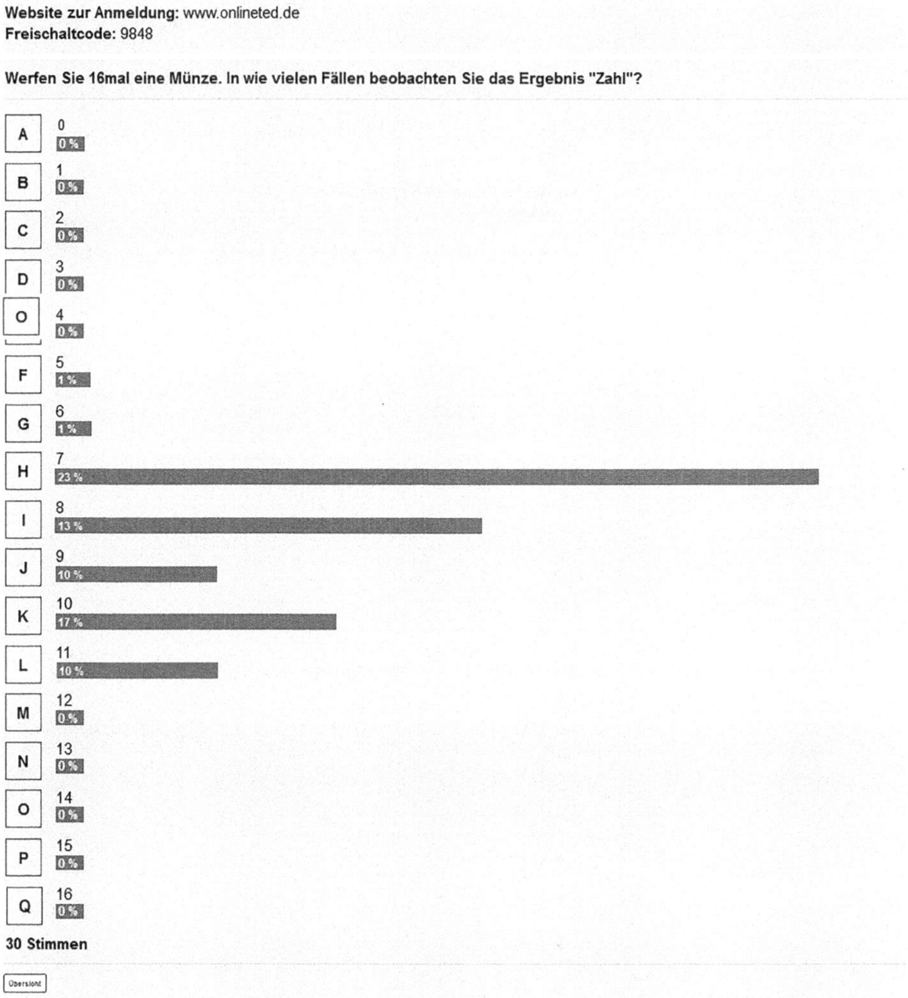

Website zur Anmeldung: www.onlineted.de
Freischaltcode: 9848

Werfen Sie 16mal eine Münze. In wie vielen Fällen beobachten Sie das Ergebnis "Zahl"?

A	0	0 %
B	1	0 %
C	2	0 %
D	3	0 %
O	4	0 %
F	5	1 %
G	6	1 %
H	7	23 %
I	8	13 %
J	9	10 %
K	10	17 %
L	11	10 %
M	12	0 %
N	13	0 %
O	14	0 %
P	15	0 %
Q	16	0 %

30 Stimmen

Übersicht

Abb. 10.3 Fiktiver Ausgang einer webbasierten Abfrage unter 30 Studierenden

Abb. 10.4 Markieren aller Ergebnisse mit neun oder mehr „Zahl"-Würfen und Berechnung des Anteils dieser Fälle

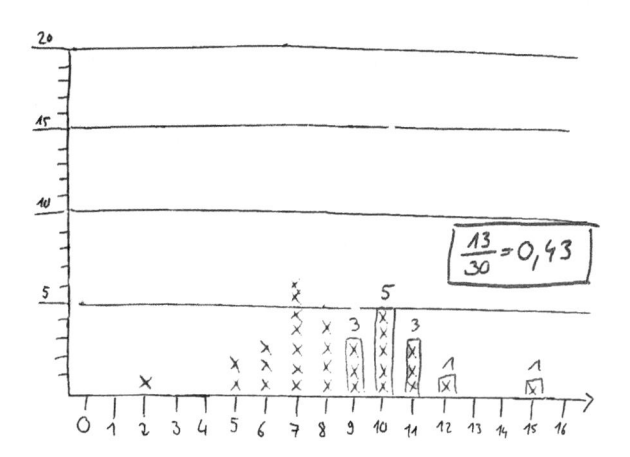

10.2.5 Auswertung der Unterrichtseinheit

Nachdem die Ergebnisse der Umfrage vorliegen, kann der Dozierende den p-Wert des Binomialtests live berechnen. Dazu markiert der Dozierende alle Ergebnisse mit neun oder mehr „Zahl"-Würfen farblich an der Tafel (Abb. 10.4). Der Dozierende braucht dann nur noch die Anzahl der markierten Ergebnisse durch die Gesamtzahl der befragten Studierenden teilen. Das Ergebnis ist eine Wahrscheinlichkeit, die bei ungefähr 40 % liegen sollte, also relativ hoch ist. Der Dozierende kann nun stolz verkünden, dass diese berechnete Zahl der sagenumwobene p-Wert sei.

Nutzt der Dozierende die Online-Abstimmung, so kann er die gewünschten Ergebnisse (neun oder mehr) mit dem Mauszeiger umkreisen. In der Software OnlineTED werden in der Ausgabe der Ergebnisse direkt Prozentzahlen angegeben. Der Dozierende braucht also nur noch die Prozentzahlen aller Ergebnisse mit neun oder mehr „Zahl"-Würfen aufaddieren. **Vorsicht:** Da OnlineTED in der Ausgabe nur gerundete Prozentzahlen angibt, kann es bei einer kleinen Anzahl von Teilnehmern zu erheblichen Rundungsungenauigkeiten kommen.

Jetzt ist der p-Wert erstmals eingeführt. Es steht dem Dozierenden frei, ob er an dieser Stelle die exakte Formel zur Berechnung des p-Werts für den Binomialtest einführen will. Es ist möglich hier auch noch das Grundprinzip einer Simulationsstudie zu erläutern und den Abgleich zwischen dem simulierten Wert und exaktem Wert zu treffen. Der Dozierende sollte aber mindestens darauf hinweisen, dass ein Computer den exakten Wert auch ohne eine Simulation anhand einer konkreten Formel berechnen kann. Im Anschluss lassen sich viele weitere Gedankenexperimente mit den Studierenden durchführen, entweder gemeinsam im Plenum oder in Kleingruppenarbeit. Der Dozierende kann zum Beispiel folgende Fragen an die Studierenden richten:

- Spricht der beobachtete p-Wert eher für oder eher gegen die Nullhypothese und wie stark tut er dies?
- Wie würde sich der p-Wert verändern, wenn nicht neun Stammzellgegner von 16 Befragten, sondern 12 Stammzellgegner von 16 Befragten beobachtet worden wären?
- Spricht ein kleiner p-Wert eher für oder eher gegen die Nullhypothese?
- Haben Sie den p-Wert durch dieses Experiment geschätzt oder exakt bestimmt?

Der Dozierende kann anhand dieser Fragen erläutern, dass Daten, die unter der Nullhypothese plausibel erscheinen, sich in einem großen p-Wert ausdrücken. In diesem Fall ist die Wahrscheinlichkeit, dass die beobachteten Daten nur zufällig von der Nullhypothese abweichen, groß. Andersherum kann der Dozierende erklären, dass Daten, die unter der Nullhypothese wenig plausibel erscheinen, sich in einem kleinen p-Wert ausdrücken. In diesem Fall ist die Wahrscheinlichkeit, dass die beobachteten Daten nur zufällig von der Nullhypothese abweichen, klein. Anhand dieser Diskussionsfragen kann der Dozierende schließlich auf die formale oder heuristische Definition des p-Wertes hinführen, wie zum Beispiel von Rauch et al. (2020) gegeben:

> *„Definition: Der p-Wert ist die Wahrscheinlichkeit, den in der Stichprobe beobachteten Wert der Teststatistik oder einen in Richtung der Alternativhypothese noch extremeren Wert zu beobachten, unter der Annahme, dass die Nullhypothese wahr ist.*
> *Heuristisch: Der p-Wert gibt an, wie wahrscheinlich die Daten unter Gültigkeit der Nullhypothese sind."*

Sobald das Prinzip des p-Werts verstanden ist, kann der Dozierende im Plenum fragen, ab wann ein p-Wert „klein genug" ist, um die Nullhypothese zu verwerfen. Auf diese Weise lässt sich die Notwendigkeit einer vorab festgelegten Schranke, *dem Signifikanzniveau,* gut motivieren.

10.3 Diskussion und Ausblick

Die vorgestellte Unterrichtseinheit „p-Wert im Geldbeutel" bietet eine anschauliche und einfach umzusetzende Möglichkeit, um das Konzept des p-Werts einfach zu motivieren. Studierende können durch die Unterrichtseinheit den p-Wert anschaulich erfahren. Durch das Münzwurfexperiment bleibt das Konstruktionsprinzip des p-Werts einfacher im Gedächtnis. Es ist daher gut möglich in folgenden Lehrveranstaltungen auf die Einführung des p-Werts zu verweisen.

Da der p-Wert in vielen Bereichen der Datenwissenschaften eine zentrale Rolle spielt, kann diese Unterrichtseinheit sehr breit angewendet werden. Abwandlungen der hier vorgestellten Form sind an vielen Stellen möglich und erwünscht, um die Unterrichtseinheit möglichst passgenau für den Zuhörerkreis zu gestalten.

Eine Unterrichtseinheit zum p-Wert kann durch viele mögliche weiterführende Themen ergänzt und erweitert werden, zum Beispiel durch eine Diskussion zur Unterscheidung zwischen Signifikanz und Relevanz, eine Überleitung zum Thema Konfidenzintervall oder eine Einführung in das Problem des multiplen Testens. Auch ist es möglich eine Unterrichtseinheit zum Lesen und Bewerten von (medizinischen) Publikationen anzuschließen. Es finden sich zahlreiche Beispiele in medizinischen Zeitschriften für eine falsche aber natürlich auch für die richtige Nutzung und Interpretation von p-Werten.

Literatur

Sullivan GM, Fein R (2012) Using effect size - or why the P value is not enough. J Grad Med Educ 4:279–282

Victor A, Elsäßer Hommel G, Blettner M (2010) Wie bewertet man die p-Wert-Flut. Deutsches Ärzteblatt 107:50–56

Goodman S (2008) A dirty dozen: twelve p-value misconceptions. Semin Hematol 45:135–140

Bender R, Lange S (2007) Was ist der p-Wert? DMW-Deutsche Medizinische Wochenschrift 132:e15–e16

Hung HJ, O'Neill R T, Bauer P, Kohne K (1997) The behavior of the p-value when the alternative hypothesis is true. Biometrics 11–22

Rauch G, Neumann K, Grittner U, Herrmann C, Kruppa J (2020) Medizinische Statisitik für Dummies. Wiley

Süddeutsche Zeitung (2010) Mehrheit gegen Forschung an embryonalen Stammzellen. https://www.sueddeutsche.de/leben/umfrage-zur-gentechnik-mehrheit-gegen-forschung-an-embryonalen-stammzellen-1.718146 (Letzter Zugriff November 2020)

Biomathe kann begeistern!

Die Suche nach einem überzeugenden Konzept

11

Christel Weiß

11.1 Einleitung

Biomathematik gilt gemeinhin als ein schwer verständliches und unbeliebtes Fach unter Studierenden der Medizin. Die Tatsache, dass viele Studierende (und zuweilen auch Ärzte) diesem Wissenschaftsgebiet eher skeptisch gegenüberstehen, ist darauf zurückzuführen, dass statistische Methoden auf mathematischen Formeln und Algorithmen basieren, die für manche Menschen ein Gräuel sind. Es kommt hinzu, dass sich die Relevanz dieses Fachs im Rahmen eines Medizinstudiums nicht direkt erschließt. Viele Studierende glauben, dass Kenntnisse bezüglich statistischer Analysen nur für Ärzte, die selbst klinische oder epidemiologische Studien durchführen oder initiieren, interessant sind. Sie verstehen nicht, wozu ein praktisch tätiger Arzt, der hauptsächlich kurativ tätig ist, derlei Kenntnisse benötigt.

Nichtsdestotrotz ist Biomathematik elementar wichtig, sowohl um eigene Forschungsarbeiten (etwa Doktorarbeiten) durchzuführen als auch um die Publikationen anderer Autoren zu verstehen und zu beurteilen. Die ersten direkten Erfahrungen mit Biomathematik machen Studierende in der Regel beim Erstellen ihrer Doktorarbeit. Dabei erkennen sie unmittelbar, dass statistische Analysen erforderlich sind, um das Datenmaterial, das ihrer Arbeit zugrunde liegt, zu strukturieren und aussagekräftige

---

C. Weiß (✉)
Abteilung für Medizinische Statistik und Biomathematik,
Medizinische Fakultät Mannheim der Universität Heidelberg, Mannheim, Deutschland
E-Mail: christel.weiss@medma.uni-heidelberg.de

© Der/die Herausgeber bzw. der/die Autor(en), exklusiv lizenziert durch Springer-Verlag GmbH, DE, ein Teil von Springer Nature 2021
C. Herrmann et al. (Hrsg.), *Zeig mir Health Data Science!*,
https://doi.org/10.1007/978-3-662-62193-6_11

Ergebnisse zu erhalten. Spätestens ab diesem Zeitpunkt wird ihnen klar, was Statistik vermag: Zusammenhänge aufdecken, den Zufall kontrollieren und zu neuen Erkenntnissen führen. Ein Student, der eine Doktorarbeit in Angriff nimmt, sollte zumindest Grundkenntnisse in Biomathematik vorweisen können – ansonsten müsste er die Datenanalyse komplett in fremde Hände geben, was nicht in seinem Interesse sein kann.

Doch wäre es für Dozenten fatal, die Bedeutung ihres Fachs allein durch eine Doktorarbeit rechtfertigen zu wollen. Jeder Arzt ist, unabhängig von seinem Fachgebiet und seinem Arbeitsumfeld, angehalten sich permanent weiterzubilden. Dazu benötigt er Kenntnisse in Statistik, um Studien kritisch zu beurteilen und um die Relevanz der präsentierten Ergebnisse für seine Patienten oder sein Labor einschätzen zu können.

Lehrende der Biomathematik sollten sich zum Ziel setzen, die vielfältigen Anwendungsmöglichkeiten ihres Faches frühzeitig zu vermitteln. Doch wie lassen sich Studierende vom Wert und vom Nutzen dieser interdisziplinären Wissenschaft überzeugen? Die Erfahrung hat gezeigt, dass dies gelingen kann, indem man beispielsweise

1. anhand von historischen und aktuellen Beispielen darlegt, welche Fortschritte in der klinischen und epidemiologischen Forschung statistischen Analysen zu verdanken sind;
2. aufzeigt, dass objektive Wahrscheinlichkeiten verlässlicher sind als subjektive Bauchgefühle;
3. die Studierenden in die Vorlesungen und Seminare einbindet.

Wie dieses Konzept erfolgreich umgesetzt werden kann, wird in den folgenden Abschnitten dargelegt. Dies setzt freilich voraus, dass die Dozenten bemüht sind, ansprechende Lehrveranstaltungen zu gestalten, und allen Studierenden den ihnen gebührenden Respekt entgegenzubringen.

11.2 Methodik

11.2.1 Biomathematik im Grundstudium

Der Mannheimer Modellstudiengang MaReCuM (Mannheimer Reformiertes Curriculum für Medizin) sieht vor, dass die Studierenden bereits in den Einführungswochen zu Beginn ihres Studiums drei Vorlesungen im Fach Biomathematik besuchen (Tab. 11.1) – neben anderen Lehrveranstaltungen zu Allgemeiner Krankheitslehre, Propädeutik, Terminologie und Bibliothekswesen. Den Studierenden soll Basiswissen vermittelt werden, das sie während ihres gesamten Studiums und darüber hinaus benötigen werden: etwa Grundlagen in Physik und Chemie, Grundkenntnisse der medizinischen

Tab. 11.1 Übersicht über die Veranstaltungen in den Fächern Biomathematik und Epidemiologie an der Medizinischen Fakultät Mannheim der Universität Heidelberg

Semester	Veranstaltung	Anzahl und Dauer	Vorkenntnisse
1. vorklinisches	Einführungsvorlesung „Biomathematik"	3 Vorlesungen (eine 45 min, zwei à 90 min)	Keine
4. vorklinisches	Medical Skills (Wahlfach)	1 Vorlesung 90 min	Einführungsvorlesung
1. oder 2. Klinisches	Vorlesungen Biomathematik	6 Vorlesungen à 90 min	Alle vorangegangene Vorlesungen
	Seminare Biomathematik	6 Seminare à 90 min, begleitend zu den Vorlesungen	
	Vorlesungen Epidemiologie	6 Vorlesungen à 90 min	

Fachsprache sowie Fertigkeiten bezüglich Anamnese, Gesprächsführung, körperlicher Untersuchung und die Fähigkeit zu Literaturrecherchen. In all diesen Fächern wird das erworbene Wissen mittels einer Klausur mit MC-Fragen überprüft.

Für einen Dozenten des Faches Biomathematik stellen diese Vorlesungen eine besondere Herausforderung dar. Die meisten Studierenden sind überrascht, dass sie sich bereits zu Beginn ihres Studiums mit Mathematik zu befassen haben; die wenigsten sind darüber erfreut. Während die Notwendigkeit aller anderen, oben erwähnten Veranstaltungen kaum infrage gestellt wird, wird die Bedeutung des Faches „Biomathematik" zumindest in dieser frühen Phase des Studiums allenthalben bezweifelt. Es kommt hinzu, dass Mathematik nicht jedermanns Lieblingsfach ist und dass einige Studierende höchst widerwillig diese Vorlesungen besuchen. Auch die Rahmenbedingungen scheinen wenig attraktiv zu sein: Statistik als Frontalunterricht mit nahezu 200 Zuhörern.

Deshalb muss der Dozent damit rechnen, dass ihm beim Betreten des Hörsaals Skepsis entgegenschlägt. Um einem Desaster vorzubeugen, sind vorab folgende Fragen zu klären:

- Welches Wissen kann vorausgesetzt werden?
- Mit welchen Inhalten lässt sich das Interesse wecken?
- Welche Thematiken sind wirklich relevant für das weitere Studium?

Die erste Frage ist am einfachsten zu beantworten: *Nichts* kann vorausgesetzt werden. Die Menge der Studierenden ist – was Vorkenntnisse in Mathematik angeht – sehr heterogen: Die Skala erstreckt sich von mathematisch Desinteressierten, denen jede einfache Formel Unbehagen verursacht, bis hin zu Mathegenies, die in freudiger Erwartung den Vorlesungen entgegenfiebern. Dies stellt die größte Hürde für einen Dozenten dar: Die Vorlesungen sollten so gestaltet sein, dass sich alle Zuhörer, unabhängig von ihrem Vorwissen, angesprochen fühlen. Da mag es hilfreich sein, dass sich der Dozent in Erinnerung ruft, was seine Zuhörer verbindet: Alle studieren Medizin! Der Sinn einer Biomathe-Vorlesung besteht weder darin, hochbegabte Talente mit komplexen mathematischen Herleitungen oder kniffligen Knobelaufgaben zu beglücken, noch darin, anspruchslose Naturen mittels bangloser Anekdoten oder seichter Witzchen zu unterhalten.

Auch auf die (zweite) Frage nach den Interessen der Zuhörer findet man leicht eine Antwort: Sie möchten vordringlich wissen, wozu Mediziner Biomathematik benötigen. Es sollte für einen Dozenten dieses Fachs kein Problem darstellen, dies – am besten anhand historischer und aktueller Beispiele – überzeugend darzulegen.

Die Wahl relevanter Themen (dritte Frage) erscheint dagegen weitaus schwieriger zu sein. Einfacher ist es, Themen auszusortieren: Komplexe Verfahren, mathematische Details oder Beweise sind für eine Einführungsveranstaltung denkbar ungeeignet. Auf die meisten Studenten wirken diese Themen abschreckend, weil sich ihnen deren Sinn nicht erschließt und weil sie diese Verfahren (jedenfalls vorerst) nicht anwenden können. Außerdem fehlt die Zeit, die erforderlich wäre, um diese Themen eingehend zu erörtern. Es bieten sich eher Sachverhalte an, die sich anhand von einprägsamen Beispielen anschaulich erläutern lassen. An der Mannheimer Fakultät hat sich folgendes Konzept für die Einführungswochen bewährt:

1. Vorlesungsstunde: Bedeutung der Biomathematik für die Medizin
2. Vorlesungsstunde: Diagnostische Tests
3. Vorlesungsstunde: Studiendesigns

In der **ersten Vorlesungsstunde** wird der Frage nachgegangen, wozu Biomathematik nützlich ist. Die Antwort liegt auf der Hand: Vorgänge in biologischen Systemen und deren Wechselwirkungen sind so vielfältig, dass sie sich nicht vollständig auf naturwissenschaftliche Gesetze zurückführen lassen. Alles, was nicht erklärbar erscheint, wird unter dem Stichwort „Zufall" zusammengefasst. Deshalb lässt sich im Einzelfall niemals mit Sicherheit vorhersagen, ob eine Therapie zum gewünschten Erfolg führt oder ob ein Forscher im Labor das erwartete Messergebnis erzielt. Die Statistik als die Wissenschaft des Zufalls stellt Methoden zur Verfügung, die es erlauben, trotz der Unberechenbarkeit der Einzelfälle Strukturen zu erkennen, Zusammenhänge aufzudecken und neue Erkenntnisse zu gewinnen. Deshalb stellt dieses Fach in den Biowissenschaften ein unverzichtbares Hilfsmittel bei der Planung, Durchführung und Interpretation von Studien dar. Diese Argumente leuchten ein! Die Entwicklung der Medizinischen Statistik von ihren Anfängen bis zum Computerzeitalter wird gestreift. Es wird dargelegt, wie es dem Chirurgen John Snow (1813–1858) um die Mitte des 19. Jahrhunderts gelang, mittels einer Fall-Kontroll-Studie die Ursache der damals in London grassierenden Cholera ausfindig zu machen (Verunreinigung des Trinkwassers) und wirksame Gegenmaßnahmen zu ergreifen. Außerdem wird auf das Schicksal des Gynäkologen Ignaz Semmelweis (1818–1865) eingegangen, der nachweisen konnte, dass die Entstehung des damals gefürchteten Kindbettfiebers durch mangelnde Hygiene verursacht wurde. Beide Ärzte nutzten einfache statistische Methoden, die es ihnen ermöglichten, zu neuen Erkenntnissen zu gelangen – auch wenn die Wirkmechanismen (noch) nicht auf molekularer oder zellulärer Ebene erklärbar waren. Sie waren damit ihrer Zeit weit voraus, obgleich sie von ihren Kollegen teilweise massiv angefeindet wurden. Sie hatten erkannt, dass systematische Beobachtungen und Vergleiche wesentliche Elemente der klinischen Forschung sind.

Diesen Betrachtungen wird eine Studie aus dem eigenen Klinikum als aktuelles Beispiel vergleichend gegenübergestellt. Im Idealfall zeichnet sich der Dozent höchstpersönlich für die Datenanalyse verantwortlich und kann authentisch darüber berichten. So entsteht ein Gefühl der Verbundenheit, denn: „Die Studie wurde an *unserem* Klinikum durchgeführt." Die Studenten registrieren unmittelbar, dass auch „ihre" Fakultät zum Fortschritt in der Medizin beiträgt und dass sie fortan Teil dieser Einrichtung sind. Das aktuelle Beispiel verdeutlicht, dass heutzutage zwar andere Krankheitsbilder Gegenstand der Forschung sind und dass heutige Ärzte vor anderen Herausforderungen stehen als ihre Kollegen im 19. Jahrhundert. Es zeigt auch, dass in einer empirischen Wissenschaft wie der Medizin statistische Methoden unumgänglich sind, um eine Studie zu planen, die Daten aufzubereiten und neue Erkenntnisse zu gewinnen.

Solche Beispiele beeindrucken! Sie veranschaulichen nicht nur die Bedeutung der Statistik für die Medizin, sondern zeigen darüber hinaus sehr anschaulich, dass Forschen und vor allem das Infrage-Stellen alter Weisheiten recht mühsam sein kann. Daran hat sich bis heute nichts geändert!

In der **zweiten Vorlesungsstunde** werden diagnostische Tests behandelt. Zu Beginn der Vorlesung wird – nachdem die relevanten Begriffe Sensitivität, Spezifität und Prävalenz erläutert worden sind – eine Rechenaufgabe gestellt:

Ein HIV-Test hat eine Sensitivität vom 99,9% und eine Spezifität von 99,99%. Bei Menschen, die keinem Risiko ausgesetzt sind, ist nur einer von 10.000 infiziert. Bei einem dieser Menschen ergibt sich ein positiver Befund. Schätzen Sie: Mit welcher Wahrscheinlichkeit ist dieser Befund korrekt?

Diese scheinbar so einfache Aufgabe fordert heraus! Manche Studierende zeigen sich sicher und äußern laut ihre Vermutung („Das ist doch die Sensitivität?"), einige halten dagegen, andere bleiben still – aber alle denken mit! Die Antwort überrascht jeden: Nur einer von zwei positiven Befunden ist korrekt! Dann folgt die nächste Frage:

Inwieweit kann man sich auf einen positiven Befund verlassen, wenn dieser HIV-Test in einer Hochrisikogruppe mit einer Prävalenz von 10% angewandt wird?

Auch hier Erstaunen! Bei diesem Szenario hat ein positiver Befund plötzlich eine ganz andere Aussagekraft. Hier sind 99,9 % der positiven Befunde korrekt. Man kann die Studenten weiter einbinden mit Fragen wie beispielsweise „Wie können falsch positive (oder falsch) negative Ergebnisse entstehen?" oder „Was sind die Konsequenzen?". Gegen Ende der Stunde die eindringliche Bitte des Dozenten: „Vergessen Sie nicht: Die Vorhersagewerte hängen von der Prävalenz ab. Das müssen Sie unbedingt beherzigen, wenn Sie später als Arzt oder als Ärztin tätig sind".

In der **dritten Vorlesungsstunde** werden anhand bekannter Beispiele die Vor- und Nachteile retrospektiver und prospektiver Studien erläutert, außerdem werden Therapiestudien und Qualitätskriterien wie Randomisierung und Verblindung vorgestellt. Auch bei diesem Thema bekunden die (meisten) Zuhörer Interesse und stellen intelligente Fragen wie etwa: „Sind randomisierte Therapiestudien ethisch vertretbar?" oder „Wie wertet man nicht randomisierte Studien aus?".

Am Ende dieses kleinen Zyklus zeigt sich, dass einige Studenten neugierig geworden sind. Sie fragen beispielsweise, wie man erkennen kann, ob das Ergebnis einer statistischen Analyse lediglich durch den Zufall bedingt ist. Manche möchten wissen, wie man eine adäquate Fallzahl ermittelt oder wie man gute Studien von schlechten unterscheiden kann. Diese Studierenden werden vertröstet auf die größere Biomathe-Veranstaltung, die im Klinischen Studienabschnitt ansteht.

Im zweiten Studienjahr des Grundstudiums finden Veranstaltungen zu spezifischen Wahlfächern statt. Den Studierenden, die sich für „Medical Skills" entscheiden, wird in einer 90-minütigen Vorlesung anhand von konkreten Beispielen gezeigt, wie Bias das Ergebnis einer Studie verzerren können. Dabei werden spezielle Thematiken wie Publication Bias, Confounder oder Simpsons Paradoxon angesprochen. Auch diese Veranstaltung stößt bei den Zuhörern immer wieder auf Erstaunen, Interesse und Diskussionsbereitschaft.

11.2.2 Biomathematik im Hauptstudium

Zwei Jahre vergehen, ehe sich die Dozentin und die Studierenden wieder begegnen. Im dritten Studienjahr steht ein sogenanntes Modulsemester an, in dem sechs Wochen lang die Fächer Biomathematik und Epidemiologie unterrichtet werden. Die Themen in Biomathematik sind:

1. Die Beschreibung eines Merkmals (u. a. Skalenniveau, Kenngrößen, Diagramme)
2. Einfache Zusammenhänge (Korrelation, lineare Regression, Odds Ratio)
3. Wahrscheinlichkeiten und Binomialverteilung
4. Normalverteilung, Konfidenzintervalle
5. Lagetests
6. Tests zum Vergleich von Häufigkeiten

Parallel zu den Biomathe-Vorlesungen finden Seminare statt, in denen der Stoff der Vorlesung vertieft wird. Außerdem werden spezielle Verfahren, die aus Zeitgründen in den Vorlesungen nicht erwähnt werden, im jeweiligen Seminar behandelt. An den Vorlesungen nehmen etwa 40 Studierende teil; die Seminare werden von maximal 15 Teilnehmern besucht.

Auch jetzt zeigt sich: Viele Studierende können die Notwendigkeit von Biomathematik (noch) nicht so recht erkennen. Kein Wunder: Bei den meisten ist die Doktorarbeit noch in weiter Ferne. Sie führen weder eigene Studien durch noch lesen sie Publikationen in Fachzeitschriften. Andere Fächer, die in diesem Semester gelehrt werden (etwa bildgebende Verfahren, Humangenetik oder Pathologie) scheinen wesentlich wichtiger zu sein.

Wie kann man die Studierenden dennoch von der Wichtigkeit der Biomathematik überzeugen? Wie lässt sich dieses Fach so unterrichten, dass die Zuhörer profitieren? Der Dozent muss versuchen, die Studierenden zu erreichen und zu motivieren – denn die Zeit drängt tatsächlich. Es steht eine Forschungsarbeit an, die jeder Student der Medizinischen Fakultät Mannheim zu erstellen hat. Häufig schließt sich eine Doktorarbeit an. Diese Argumente zeigen, dass statistische Analysen in absehbarer Zeit anstehen – und zwar bei jedem einzelnen Studenten, unabhängig vom Thema seiner Forschungs- oder Doktorarbeit. Zwei Elemente ziehen sich wie ein roter Faden durch das Modul:

1. Ein Fragebogen, den die Studierenden in der ersten Vorlesungsstunde ausfüllen
2. Eine klinische Studie, in der zwei Therapien zur Senkung des systolischen Blutdrucks verglichen werden.

Zum Fragebogen

Der Einstieg in die (von manchen gefürchtete) Biomathe-Veranstaltung beginnt mit einer Aufgabe, die für jedermann zu bewältigen ist: Das Ausfüllen eines Fragebogens (Abb. 11.1). Damit werden Angaben bezüglich demografischer Charakteristika

	Fragen, Fragen, nichts als Fragen... an die Studierenden der Biomathematik Vorlesungen.

Ihr Geschlecht (0 = männlich, 1 = weiblich):
Ihre Körpergröße (in cm):
Ihr Körpergewicht (in kg):
Wie viel Alkohol haben Sie gestern zu sich genommen? (0 = keinen, 1 = mäßiger Genuss, 2 = etwas über den Durst, 3 = mir ist jetzt noch übel)
Glauben Sie, dass homöopathische Heilverfahren eine Alternative zu schulmedizinischen Methoden darstellen? Nennen Sie eine Zahl zwischen **–5** (totale Ablehnung) und **+5** (uneingeschränkte Zustimmung).
Schätzen Sie: Wie viele Haselnüsse sind im Glas?
Werfen Sie eine Münze und notieren Sie, ob Wappen (**W**) oder Zahl (**Z**) oben liegt.

Abb. 11.1 Auszug aus dem Fragebogen

(Geschlecht, Körpergröße, Körpergewicht) erfasst. Ferner sollen sie den Nutzen von homöopathischen Heilmitteln auf einer Skala von -5 (totale Ablehnung) bis +5 (uneingeschränkte Zustimmung) bewerten und angeben, ob und wieviel Alkohol sie am Abend zuvor konsumiert haben. Außerdem wird ihnen ein Vorratsglas mit Haselnüssen gezeigt verbunden mit der Bitte, die Anzahl der darin enthaltenen Nüsse zu schätzen. Häufig entwickeln die Studierenden eigene Ideen für Analysen, wie etwa: Urteilen Frauen bezüglich homöopathischer Heilverfahren anders als Männer? Wie lassen sich derlei Unterschiede eigentlich nachweisen? Wurde die Anzahl der Nüsse halbwegs korrekt geschätzt?

In der zweiten Vorlesungsstunde erwarten die Studierenden die Ergebnisse der Auswertung. Dabei werden auch „heikle Themen" angesprochen wie etwa die Problematik, dass möglicherweise nicht alle Angaben korrekt sind (zum Beispiel bezüglich des Alkoholkonsums oder bei extremen Körpermaßen). Es bietet sich an, die Merkmale „Körpergröße" und „Gewicht" zu korrelieren, und anhand der Daten aus dem Fragebogen Thematiken wie Punktwolke, Korrelationskoeffizient, Regressionsgerade und Bestimmtheitsmaß zu erläutern. Und tatsächlich sind die Zuhörer beeindruckt, wenn sie erkennen, dass es möglich ist, anhand eines Korrelationskoeffizienten die Stärke eines Zusammenhangs durch eine Zahl zwischen -1 und $+1$ zu quantifizieren, die Art des Zusammenhangs mittels einer Geradengleichung zu beschreiben und die Güte dieses einfachen statistischen Modells zu berechnen. Historische Anekdötchen zu Karl Pearson (einst Student in Heidelberg) und Carl Friedrich Gauß (der in seiner Hochzeitsnacht mittels der Methode der kleinsten Quadrate die Regressionsgerade hergeleitet haben soll) runden das Ganze auf humorvolle Weise ab.

Zuweilen dachte ich als Nicht-Medizinerin, dieses Beispiel wäre zu trivial. Jedoch schätzen die Studierenden einfache Beispiele, die keiner weiteren Erklärung bedürfen und die es ihnen erlauben, sich ganz auf die statistischen Methoden zu konzentrieren.

Einige Vorlesungsstunden später werden statistische Tests durchgeführt, um Unterschiede aufzuzeigen: Dass Studentinnen im Durchschnitt kleiner sind und weniger wiegen als ihre männlichen Kommilitonen, ist nicht weiter aufregend. Andere Fragen scheinen interessanter zu sein: Wie sieht es mit dem BMI aus? Beurteilen weibliche Studenten homöopathische Heilverfahren anders als männliche? Kann aus dem Anteil weiblicher Studierender (der meist über dem Anteil der männlichen Studierenden liegt) geschlussfolgert werden, dass generell mehr Frauen als Männer Medizin studieren? Die Konstruktion eines Konfidenzintervalls, das Prinzip eines statistischen Tests, die Bedeutung eines p-Werts, gängige Tests, die Interpretation eines signifikanten oder nichtsignifikanten Testergebnisses – all das lässt sich anhand der Angaben des Fragebogens sehr anschaulich erläutern.

Bisher zeigte sich immer: Weibliche Studenten beurteilen im Durchschnitt homöopathische Heilverfahren wohlwollender als ihre männlichen Kommilitonen, und die Schätzung der Nüsse im Glas war jedes Mal total daneben.

Zur klinischen Studie

Nachdem die Studierenden in der ersten Vorlesungsstunde den Fragebogen ausgefüllt haben, werden sie mit der harten Realität konfrontiert: Ihnen wird eine Excel-Tabelle mit Daten einer Therapiestudie präsentiert – versehen mit dem Hinweis, dass jeder von ihnen in einigen Monaten eine solche Tabelle für seine Forschungsarbeit zu bearbeiten hat. Wie sollte dies funktionieren ohne statistische Analysen? Die Rohdaten per se bilden ein Chaos, das aufzulösen ist – ansonsten sind keine Ergebnisse zu erwarten. Diese Argumentation überzeugt! Die Seminare sind so gestaltet, dass alle statistischen Verfahren (die in den Vorlesungen dargebracht werden) anhand dieser Studie bearbeitet werden: angefangen von der Berechnung einfacher Kenngrößen und dem Erstellen von Diagrammen in der ersten Stunde über Korrelationskoeffizienten, Regressionsgeraden, Konfidenzintervalle und einfache statistische Tests bis hin zu einem multiplen Regressionsmodell, das in der letzten Seminarstunde präsentiert wird. Darüber hinaus werden noch andere Aufgaben „eingeschoben" – die Blutdruckstudie allein wäre auf Dauer zu eintönig. Es ist beeindruckend zu erleben, dass die meisten Studierenden in der letzten Seminarstunde angetan sind von den Möglichkeiten der Statistik, mit denen ein Datenwirrwarr nach und nach entzerrt und strukturiert wird, sodass am Ende alle wesentlichen Zusammenhänge auf elegante Art in einer mathematischen Gleichung zusammengefasst sind. Einige hegen zwar immer noch eine gewisse Skepsis, weil sie sich nicht zutrauen, selbstständig statistische Analysen durchzuführen, um ihren Daten Geheimnisse zu entlocken. Doch sie haben wenigstens erkannt, dass dies prinzipiell möglich ist.

11.2.3 Epidemiologie im Hauptstudium

In den Epidemiologie-Vorlesungen wird folgender Stoff gelehrt:

1. Aufgaben der Epidemiologie; Studiendesigns; epidemiologische Maßzahlen; Bias
2. Risikostudien
3. Diagnostische Studien
4. Präventionsstudien
5. Therapiestudien
6. Prognosestudien

Das Fachgebiet „Epidemiologie" wird an Medizinischen Fakultäten in Deutschland zuweilen etwas stiefmütterlich behandelt. Das ist schade! Dieses Fach bietet nämlich die Gelegenheit aufzuzeigen, wie sich die klinische und epidemiologische Forschung entwickelt hat, Meilensteine zu benennen und darzulegen, was bei der Planung und der Durchführung einer Studie zu beachten ist und wie sich ein Bias vermeiden lässt. Für einen Dozenten ergibt sich die Möglichkeit, den Stoff aus der Biomathematik-Vorlesung unmittelbar anzuwenden. Bei einer Fall-Kontroll-Studie werden Odds Ratios berechnet. Sensitivität, Spezifität und Vorhersagewerte sind nichts Anderes als bedingte Wahrscheinlichkeiten; bei Therapiestudien werden statistische Tests zum Vergleich zweier Gruppen angewandt. Spezielle statistische Verfahren, die in der Biomathe-Vorlesung aus zeitlichen Gründen zu kurz kommen, werden in der Epidemiologie-Vorlesung zumindest erwähnt und anhand von Anwendungsbeispielen erläutert: etwa die Logistische Regression (bei Risikostudien) oder die Cox-Regression (bei Prognosestudien).

Die Studierenden zeigen sich interessiert, wenn der Stoff anhand bekannter Studien, die die klinische Praxis maßgeblich beeinflusst haben, vermittelt wird: die Studie von John Snow (Cholera), die Framinghamstudie oder Studien der britischen Epidemiologen Doll und Hill (zum Nachweis der Assoziation zwischen Rauchen und Lungenkrebs). Hin und wieder bietet es sich an, Studien zu besprechen, die im eigenen Hause durchgeführt worden sind, und Details aus erster Hand zu erfahren – beginnend vom Erstellen des Ethikantrags über das Rekrutieren der Patienten und die Datenanalyse bis hin zur Publikation.

Die Epidemiologie-Vorlesungen finden in aller Regel an einem Freitag statt, also kurz vor dem Wochenende. Eigentlich ist dieser Tag für einen Dozenten eher unangenehm, weil damit zu rechnen ist, dass die Studierenden das Wochenende herbeisehnen und sich deshalb weniger auf den Lehrstoff konzentrieren. Jedoch werden die Epidemiologie-Vorlesungen von den Studierenden als nicht allzu anstrengend empfunden. Alle inhaltlichen Themen haben einen klinischen Bezug und bieten hinreichend Stoff für Diskussionen. Besonders lebhaft geht es mitunter in der vierten Vorlesungsstunde zu, in der Screening-Untersuchungen erörtert werden. Wenngleich sehr kontrovers diskutiert wird, so zeigt sich doch: Sowohl regelmäßiges Screening als auch dessen Ablehnung bergen Chancen und Risiken.

Gerade in den Epidemiologie-Vorlesungen wird jedem klar: Es gibt keine einfachen Wahrheiten. Die in Studien präsentierten Ergebnisse stellen immer nur einen Teilaspekt dar. Deshalb sollte man sie ebenso wie die von der Pharmaindustrie gemachten Versprechungen in jedem Fall kritisch hinterfragen, um deren praktischen Nutzen realistisch einschätzen zu können. Den Studierenden wird bei derlei Diskussionen sehr deutlich bewusst, wie vielschichtig medizinische Forschung im Allgemeinen und wie kompliziert klinische Entscheidungen im Einzelfall sein können.

11.2.4 Sonstige Veranstaltungen

In der Mannheimer Fakultät werden diverse Masterstudiengänge angeboten, die zu einem Abschluss „Master of Science" führen. Diese sind international ausgerichtet und richten sich in erster Linie an Interessierte, die bereits ein Studium oder eine Ausbildung absolviert haben.

Der Masterstudiengang **„Translational Medical Research"** bietet einen Einstig in die medizinische Grundlagenforschung, behandelt vertieft Themen aus dem Gebiet der

Molekularbiologie und spricht daher insbesondere Kandidaten an, die sich mit dem Gedanken tragen, eine naturwissenschaftliche Doktorarbeit zu erstellen. Im Rahmen dieses Masterstudienganges wird auch ein Statistik-Intensivkurs in englischer Sprache durchgeführt. Er erstreckt sich über die Dauer von zwei Wochen mit jeweils drei Unterrichtsstunden pro Tag. Darin werden alle gängigen statistischen Verfahren – beginnend von einfachen deskriptiven Verfahren bis hin zu multiplen Regressionsanalysen – in sehr komprimierter Weise besprochen; Beispieldatensätze werden mit der Statistiksoftware SAS analysiert.

Mitarbeitern von Forschungslaboren der Universität Heidelberg werden im Rahmen eines speziellen Services „TopLab" Weiterbildungskurse angeboten, in denen sie ihre Kenntnisse und Fertigkeiten auffrischen können. Einer dieser Kurse befasst sich mit Statistik. Er umfasst fünf Lehrveranstaltungen à vier Zeitstunden. Um auf die Wünsche der Teilnehmer optimal eingehen zu können, werden sie gebeten, vorab ihre Erwartungen mitzuteilen und nach Möglichkeit Datensätze zur Verfügung zu stellen, die dann im Rahmen der Vorlesungen analysiert werden.

Eine ausgewählte Gruppe von Studierenden unserer Fakultät wird in spezieller Weise gefördert: Sie haben die Möglichkeit, im Rahmen einer **„Junior Scientific Masterclass"** Kenntnisse und Fähigkeiten der experimentellen und klinischen Forschung zu erwerben und zu vertiefen. Auch diese Programme beinhalten Statistikvorlesungen mit weiterführenden Themen, die innerhalb der Biomathematik-Vorlesung üblicherweise nicht gelehrt werden.

Die Teilnehmer all dieser Kurse haben ein gewaltiges Pensum zu absolvieren. Es kommt hinzu, dass sie aufgrund von Unterschieden bezüglich ihres Vorwissens, ihrer beruflichen Erfahrungen oder individueller Erwartungen eine sehr heterogene Gemeinschaft bilden. Andererseits zeigen sie sich in der Regel sehr interessiert am Lehrstoff, da sie aus eigenem Antrieb an den Veranstaltungen teilnehmen.

11.2.5 Lehrmaterialien

Obwohl die Fächer Biomathematik und Epidemiologie bei den Studierenden der Humanmedizin eher ein Schattendasein fristen, werden auf dem Markt eine Menge Lehrbücher angeboten. Den meisten Autoren ist es gelungen, den Stoff anschaulich zu vermitteln (auch wenn freilich – wie könnte es anders sein – jeder von ihnen seine individuellen didaktischen Besonderheiten aufweist). Darüber hinaus gibt es umfangreiche Nachschlagewerke und Spezialliteratur (etwa für bestimmte Softwareprodukte oder über spezielle Thematiken), in deutscher und englischer Sprache.

Es sei der Autorin dieses Beitrags nachgesehen, dass sie in ihren Veranstaltungen auch auf das von ihr verfasste Lehrbuch hinweist (Weiß 2019a) (wobei sie andere Bücher keineswegs unerwähnt lässt). Die Studierenden werden zur kritischen Lektüre ermuntert. Tatsächlich melden sich hin und wieder einige, die auf Unklarheiten oder Irrtümer hinweisen. Sie freuen sich, wenn ihr Vorschlag Beachtung findet. Viele Beiträge auf der

Website zum Buch (https://www.umm.uni-heidelberg.de/inst/biom/prints/buch/) basieren auf Anregungen und Ideen von aufmerksamen Lesern. Oh ja: Als Dozent lernt man auch hin und wieder etwas von seinen Studenten (nicht nur umgekehrt)!

Letzten Endes muss jeder interessierte Leser und Anwender selbst herausfinden, welcher Stil ihm (oder ihr) am ehesten zusagt und welches Buch für seine Ansprüche am ehesten geeignet ist. Es ist Aufgabe des Dozenten, geeignete Literatur zu empfehlen, passend zum Lehrstoff und zu den Vorkenntnissen.

Abzuraten ist dagegen von Büchern, deren Autoren „Statistik ohne Formeln" oder „Statistik mit viel Spaß" versprechen. Sie sind bestrebt, die Grundlagen dieses Fachs lustig und locker zu vermitteln. Das gelingt ihnen nur teilweise. Es ist wenig zielführend, die Statistik mit flapsigen Bemerkungen („Alles halb so schlimm") oder flachen Witzchen („Mathe kann sogar lustig sein") abzuwerten oder ins Lächerliche zu ziehen. Von einem Mathematiker vorgetragen wirken derlei Bemühungen in keiner Weise authentisch, sondern eher peinlich.

11.3 Diskussion und Ausblick

11.3.1 Lehrende und Studierende

Mathematik und Statistik polarisieren. Während jedoch die meisten Menschen in ihrem Alltag weitestgehend ohne Mathematik auskommen, kann sich der Statistik kaum jemand entziehen. Beginnend mit der Zeitungslektüre am frühen Morgen über das Lesen von Fachartikeln bis hin zur Nachrichtensendung am späten Abend wird man quasi rund um die Uhr über diverse Kommunikationsmedien mit Wahrscheinlichkeiten, Tabellen, Diagrammen, Durchschnittswerten und p-Werten versorgt.

Nun sind Studierende und in der Forschung tätige Ärzte zwar im Allgemeinen von den Möglichkeiten einer effizienten Datenanalyse beeindruckt und freuen sich, wenn daraus eine Doktorarbeit oder eine Publikation hervorgeht. Trotzdem bleiben viele von ihnen innerlich auf Distanz zu diesem Fach. Ihnen erschließt sich zwar dessen Notwendigkeit, aber nicht dessen Schönheit. Dem kann ein Dozent entgegenwirken, indem er auf die Schönheit und die Eleganz statistischer Verfahren hinweist (Weiß 2019b).

Das Verhältnis zwischen Lehrenden und Lernenden ist zuweilen problembelastet. Woran mag das liegen? Die Liste der Argumente aufseiten der Dozenten ist lang: Die Studierenden interessieren sich einfach nicht für dieses Fach; außerdem sind die meisten schlecht in Mathe; Studenten in einem überfüllten Hörsaal lassen sich ohnedies nicht motivieren etc. etc. Wenn ein Dozent mit dieser Einstellung einen Raum betritt, ist der Frust vorprogrammiert – und zwar auf beiden Seiten. Die Studierenden nehmen wahr, dass der Dozent wenig motiviert ist und zeigen sich dann ihrerseits wenig interessiert. Der Dozent fühlt sich in seinen Vorurteilen bestätigt, und wird sich auch künftig keine Mühe geben, den Unterricht ansprechend zu gestalten. Wie kann dem entgegengewirkt werden? Die Dozenten sollten bedenken:

- Studierende der Medizin sind keine Mathematiker. Sie haben andere Bedürfnisse und andere Interessen. Dem sollte Rechnung getragen werden, etwa durch praxisbezogene Beispiele. Auch scheinbar trockener Stoff und abstrakte Formeln prägen sich ein, wenn man deren Sinn versteht.
- Die Studierenden haben ein Recht auf eine gute Vorlesung. Dies sollte der Dozent beherzigen und sich entsprechend vorbereiten. Es muss ein roter Faden erkennbar sein; die Folien sollten ansprechend gestaltet sein; der Stoff muss verständlich vermittelt werden. Hilfreich sind dabei eventuell Kollegen, die die Vorlesungen oder Seminare besuchen und kritisch kommentieren, oder die Teilnehmer selbst, die die Veranstaltung evaluieren.
- Ein Seminar oder eine Vorlesung sollte abwechslungsreich gestaltet sein (Kollewe 2018). Niemand kann 90 min lang dem Monolog eines einzigen Redners folgen. Ein monotoner Vortrag kann unterbrochen werden durch Fragen an die Zuhörer oder Multiple-Choice-Aufgaben, eventuell auch durch kurze Filme oder unterhaltsame Anekdoten.
- Es ist motivierend, wenn der Dozent auf aktuelle Geschehnisse Bezug nimmt und mit den Studierenden darüber diskutiert und die Problematik unter verschiedenen Aspekten beleuchtet. Beispielshaft seien genannt:
  - **Studien:** Mit der sogenannten Préfère-Studie sollten mehrere Therapieoptionen bei Prostatakrebs bezüglich der Überlebensraten miteinander verglichen werden. Diese Studie endete in einem Desaster und musste vorzeitig abgebrochen werden. Es bietet sich an, die Studierenden zu fragen: Erachten Sie eine solche Studie als sinnvoll? Würden Sie als Proband daran teilnehmen?
  - **Ereignisse:** Das gehäufte Auftreten von Fehlbildungen bei Neugeborenen in einer Gelsenkirchener Klinik im Jahr 2019 kann zum Anlass genommen werden, die Poisson-Verteilung zu behandeln.
  - **Tageszeitungen:** Artikel, die gesundheitspolitische Themen aufgreifen (z. B. nachlassende Impfbereitschaft oder Empfehlungen für Screenings) oder über aktuelle Geschehnisse berichten (z. B. Masernausbruch in einer Kita) eignen sich hervorragend als Einstieg in eine Vorlesung, in der die jeweilige Thematik behandelt wird.

Diese Methoden haben einen mehrfachen Effekt: Die Studierenden erfahren unmittelbar die vielfältigen Möglichkeiten, die ihnen die Statistik bietet. Außerdem wissen sie es zu schätzen, wenn der Dozent in seinen Vorlesungen aktuelle Gegebenheiten anspricht.

Die Studierenden der Mannheimer Fakultät werden am Ende einer jeden Veranstaltungsreihe um eine Evaluation gebeten. Hin und wieder fühlen sich die Dozenten durch unsachliche Kommentare zu Unrecht angegriffen. Dennoch: Sie sollten offen sein für konstruktive Kritik und bereit sein, ihr Konzept zu überarbeiten und zu optimieren.

11.3.2 Schlussfolgerungen

Ist Biomathematik unattraktiv? Keineswegs! Es ist die Aufgabe eines Dozenten, diese Botschaft seinen Zuhörern zu vermitteln. Dies kann gelingen, wenn die Beziehung zwischen Dozenten und Studierenden von gegenseitigem Respekt geprägt ist und wenn sie sich auf Augenhöhe begegnen. Wenn ein Dozent von seinem Fach begeistert ist, überträgt sich dies (zumindest teilweise) auf die Studierenden. Das ist zumindest die Erfahrung der Autorin.

Es soll nicht verschwiegen werden, dass dies nicht in jedem Einzelfall funktioniert. Es wird immer Studierende geben, die sich beschweren, weil sie den Stoff nicht verstehen, weil angeblich die Klausur zu schwer war oder weil sie der Meinung sind, dass sie auch ohne Biomathematik ihr Dasein fristen können. Dies darf aber in keinem Fall soweit führen, dass der Dozent sich entmutigen lässt oder den Nörglern allzu weit entgegenkommt, indem man quasi keine Leistung von ihnen abverlangt. „Fördern und fordern" – das ist eine sinnvolle Devise. Überfüllte Hörsäle, ungünstige Vorlesungszeiten oder vermeintlich uninteressierte Studenten stellen dafür kein Hindernis dar.

Jeder Mensch sollte der Statistik unbefangen begegnen und sich der Schönheit dieser Disziplin öffnen – sei es als Wissenschaftler, der Studien durchführt; als Statistiker, der aus den Daten ein Modell konstruiert; als Kliniker, der die Ergebnisse praktisch umsetzt; oder als ein Konsument, der dazu angehalten ist, die auf ihn einströmenden Informationen zu bewerten. Dann wird er oder sie erfahren, welche Souveränität statistische Kenntnisse zu verleihen imstande sind. Eine Person, die mit Wahrscheinlichkeiten umzugehen weiß, kann weniger leicht in die Irre geführt werden. Sie wird weder an Wunder noch an höhere Mächte glauben, wenn sie mit sensationellen Versprechungen konfrontiert wird; sie wird nicht in Panik verfallen, wenn ihr apokalyptische Prognosen zu Ohren kommen; sie wird auch keine Wissenschaftsdogmen akzeptieren, ohne sie kritisch zu hinterfragen. Sie weiß, dass Wahrscheinlichkeiten nichts aussagen über Kausalitäten und wird deshalb keine vorschnellen Schlüsse ziehen (auch wenn diese im aktuellen Trend liegen sollten). Statistische Überlegungen gepaart mit kühlem Sachverstand helfen, Informationen kritisch zu reflektieren, Risiken realistisch einzuordnen und somit gelassener zu werden. Insofern kann eine Lehrveranstaltung in Statistik auch ein wenig praktische Lebenshilfe leisten.

Viele Studierende der Mannheimer Fakultät schließen ihr Studium mit einer Doktorarbeit ab. Mitarbeiter der Abteilung für Biomathematik und Medizinische Statistik sind ihnen bei der Analyse ihrer Daten und der Interpretation der Ergebnisse gerne behilflich. Daraus entwickelt sich in den meisten Fällen eine intensive Zusammenarbeit, die häufig in einer gemeinsamen Publikation mündet. Fast alle Doktoranden zeigen sich über diese Art von Unterstützung hocherfreut und versichern glaubhaft, dass auch sie nun vom Nutzen und der Schönheit statistischer Anwendungen überzeugt sind!

Literatur

https://www.umm.uni-heidelberg.de/inst/biom/prints/buch/
Kollewe T (2018) Sennekamp Monika, Ochsendorf Falk: Medizindidaktik. Springer, Berlin
Weiß C (2019a) Basiswissen Medizinische Statistik, 7 Aufl. Springer, New York
Weiß C (2019b) Die Schönheit der Statistik. In: Schönheit: Die Sicht der Wissenschaft. Heidelberger Jahrbücher Bd 4. Heidelberg University Publishing, Heidelberg

Einsatz von Audience Response Systemen in der Lehre

Didaktisches Konzept und konkrete Beispiele

Antonia Zapf und Sinan Necdet Cevirme

12.1 Einleitung

Die Begriffe health data science und auch der Begriff data science alleine sind nicht eindeutig definiert. Im Allgemeinen werden zu dem Beruf health data scientist alle Disziplinen gezählt, die mit der Verarbeitung von medizinischen Daten zu tun haben; insbesondere (in alphabetischer Reihenfolge) die Bioinformatik, die Biometrie, das Datenmanagement, die Epidemiologie und die Medizinische Informatik. Hal Varian, Chefökonom von Google, sagte bereits 2009, „[…] the sexy job in the next 10 years will be statisticians" (Lohr 2009) und daran angelehnt lautet die Überschrift eines Artikels von Davenport und Patil (2012) „Data Scientist: The Sexiest Job of the 21st Century". Die meisten Medizinstudierenden, die die Grundlagen in den entsprechenden Fächern (Biometrie, Epidemiologie und Medizininformatik) erlernen, sehen das jedoch vermutlich ganz anders und die intrinsische Motivation bei den zugehörigen Veranstaltungen ist erfahrungsgemäß eher gering.

Bereits in den achtziger Jahren haben Keller und Kopp das ARCS-Modell zur Steigerung der Motivation vorgestellt und angewendet (Keller 1983; Keller und Kopp 1987). Das Akronym ARCS steht für attention, relevance, confidence und satisfaction und bedeutet, dass die folgenden vier Aspekte für eine hohe Motivation ausschlaggebend

---

A. Zapf (✉) · S. N. Cevirme
Institut für Medizinische Biometrie und Epidemiologie, Universitätsklinik Hamburg-Eppendorf, Hamburg, Deutschland
E-Mail: a.zapf@uke.de

S. N. Cevirme
E-Mail: s.cevirme@uke.de

© Der/die Herausgeber bzw. der/die Autor(en), exklusiv lizenziert durch Springer-Verlag GmbH, DE, ein Teil von Springer Nature 2021
C. Herrmann et al. (Hrsg.), *Zeig mir Health Data Science!*,
https://doi.org/10.1007/978-3-662-62193-6_12

sind: 1. Interesse an den Inhalten, 2. Erkennen der Relevanz der Inhalte, 3. positive Erfolgserwartung und

4. Zufriedenheit/Lernspaß. Entsprechend können verschiedene didaktische Mittel eingesetzt werden, um diese Bedingungen zu schaffen und dadurch die Motivation zu steigern. Im Gegensatz zu einem Frontalunterricht bietet Lehre mit einer ausgeprägten Interaktion zwischen Lehrkraft und Studierenden gute Voraussetzungen für die Erfüllung der Bedingungen. In Kleingruppen ist es im Regelfall einfach mit den Studierenden ins Gespräch zu kommen und für eine aktive Mitarbeit zu begeistern. In Vorlesungen mit großer Teilnehmerzahl funktionieren viele der klassischen didaktischen Konzepte allerdings nicht mehr, da sich die Studierenden z. B. nicht trauen, ihre Gedanken vor der großen Gruppe zu äußern.

Umfragen bieten eine gute Möglichkeit auch in größeren Gruppen mit den Studierenden in Kontakt zu kommen. In der einfachsten und analogen Form dient das Handzeichen zur Abstimmung. Um eine anonyme Meinungsäußerung zu ermöglichen, können elektronische Abstimmungssysteme, sogenannte Audience Response Systeme (ARS) eingesetzt werden. Synonyme hierfür sind u. a. elektronisches Classroom Response System oder Teledialog (TED). Durch den Einsatz dieser Systeme können „Aufmerksamkeit, Interaktion und das aktive Mitdenken im Unterricht" (Quibeldey-Cirkel 2018) gefördert werden. Die einfachste Variante der ARS sind sogenannte Clicker-Systeme mit zugehörigen Abstimmungsgeräten. Diese Systeme haben allerdings den Nachteil, dass die Geräte dafür angeschafft, gewartet, ausgeteilt und eingesammelt werden müssen. Ein weiterer Nachteil ist, dass häufig nur single- oder multiple-choice Fragen möglich sind. Eine Alternative sind die web-basierten ARS, bei denen die Studierenden mit internetfähigen Geräten (z. B. Smartphone, Tablet oder Laptop) an der Umfrage teilnehmen. Zusätzlich zur vereinfachten Nutzung durch die verbreiteten Geräte besteht ein weiterer Vorteil gegenüber den Clicker-Systemen in der, je nach Plattform, zur Verfügung stehenden Vielzahl an Interaktionsformen.

Neben dem Nutzen für die Studierenden haben ARS auch einen klaren Nutzen für die Lehrkräfte. Allgemein kann sich durch den Einsatz von ARS die Lernatmosphäre verbessern, und die Interaktion mit den Studierenden verstärkt werden. Konkret können die Lehrkräfte z. B. durch Tests am Ende von Lehreinheiten feststellen, welche Kontexte gut oder weniger gut verstanden wurden, um bei Bedarf gezielt auf Inhalte eingehen zu können. Bei vielen ARS besteht weiterhin die Möglichkeit eines Live-Feedbacks. Dies ermöglicht im Verlauf der Veranstaltung z. B. das Tempo anzupassen oder Fragen aus dem Publikum aufzugreifen.

In diesem Beitrag wollen wir die Einsatzmöglichkeiten solcher web-basierten ARS vorstellen und deren Limitationen diskutieren. Wir beschränken uns dabei auf den Einsatz in der Großgruppe (ca. 50 bis 100 Studierende) und legen ein besonderes Augenmerk auf die Steigerung der Motivation und den Nutzen für die Lehrkräfte. Im folgenden Kapitel werden wir einen kurzen Überblick über verschiedene web-basierte ARS geben, insbesondere der Plattform Mentimeter, und Kriterien für gute Fragen definieren. Im dritten Kapitel werden wir dann konkrete Beispiele für die Anwendung von ARS vorstellen. Veranschaulicht werden die Beispiele am ARS Mentimeter, im Themenfeld der Biometrie und Epidemiologie im Studiengang Humanmedizin, da wir hiermit bereits umfangreiche eigene Erfahrungen gesammelt haben. Die vorgestellten Konzepte und Ideen sind allerdings Plattformunabhängig und dadurch universell anwendbar. Im letzten Kapitel enden wir mit einer Diskussion und einem Ausblick.

12.2 Methodik

Aufgrund eigener Erfahrungen wird in diesem Beitrag auf die Plattform mentimeter.com im Funktionsumfang der kostenfreien Variante eingegangen. Neben Mentimeter gibt es jedoch eine Reihe anderer Anbieter, deshalb wird im Abschn. 12.2.1 ein kurzer Überblick über die verschiedenen ARS gegeben. In Abschn. 12.2.2 gehen wir auf Mentimeter als Plattform unserer Wahl ein. Die ARS sind im Allgemeinen sehr nutzerfreundlich und erfordern kein besonderes technisches Können. Dagegen ist das Bilden von „guten" Fragen eine Kunst für sich; die Kriterien hierfür werden im Abschn. 12.2.3 genannt.

12.2.1 Vergleich verschiedener ARS

Es bieten sich viele Plattformen zur Nutzung von ARS an und der Markt ist einem ständigen Wandel unterzogen. Systeme werden neu aufgebaut, ausgebaut, wieder eingestellt, kommerzialisiert usw. Daher kann ein Vergleich verschiedener ARS nur eine Momentaufnahme sein und ist nicht unser Fokus an dieser Stelle. Kubica et al. (2019) haben funktionale Vergleiche beziehungsweise Use-Case abhängige Auswahlkriterien angestellt. Es wird zwischen komplett (■) und teilweise (□) unterstützten Funktionen und Merkmalen unterschieden. Das Hauptaugenmerk liegt auf dem Funktionsumfang der Fragetypen und wird in quantitative (definierte, geschlossene Fragen) und qualitative (ergebnisoffene) Typen unterteilt. Aus diesen Kriterien entstand das Auswahlwerkzeug ARSelector (www.rn.inf.tu-dresden.de/arselector), anhand derer sich die ARS dynamisch vergleichen lassen. In Tab. 12.1 ist der Vergleich einer Auswahl an ARS aufgeführt (Stand April 2020).

12.2.2 Mentimeter

Mentimeter wird in einer kostenlosen Variante zur Verfügung gestellt, die wir hier kurz präsentieren. In der kostenpflichtigen Variante werden eine größere Anzahl an Fragetypen und weitere Funktionen wie z. B. das Exportieren der Ergebnisdaten angeboten.

Wie aus dem obigen Vergleich zu sehen, beinhalten die verschiedenen Systeme eine Vielzahl an Funktionen und Fragetypen. Mentimeter bietet bei den quantitativen Typen:

Tab. 12.1 Vergleich von ARS (Auszug 5 von 50 Vergleichen; basierend auf Kubica et al. 2019)

	ARSnova.app	Crowdsignal	Kahoot!	Mentimeter	Sli.do
Kosten					
Kostenfrei	■				
Kommerziell		■	■	■	■
Kommerziell mit kostenfreiem Angebot		■	■	■	■
Open Source	■				
Server-Einrichtung					
Öffentlicher Server	■	■	■	■	■
Eigener Server	■				
Export					
Beliebig (GIFT, IMS QTI, Moodle XML, Andere)	■	□	■	■	
Webanwendung	■	■	■	■	■
Mobile Anwendung/App			■		■
Präsentationssoftware	□			■	□
Andere					■
Inhaltsausführung					
Webanwendung	■	■	■	■	■
Mobile Anwendung/App			■	■	■
Präsentationssoftware				■	
Ergebnispräsentation					
Webanwendung	■	■	■	■	■
Mobile Anwendung/App			■		■
Präsentationssoftware	□			■	□
Andere				□	■
Funktionsumfang					
Qualitative Eingang	■	□		■	■
Quantitative Eingang	■	■	■	■	■
Qualitative Rückmeldung	■			□	■
Quantitative Rückmeldung	■	■	□	□	□

- Multiple Choice: Mehrere Antwortmöglichkeiten können gewählt werden
- Select Answer: Single Choice, eine Antwortmöglichkeit muss gewählt werden
- Image Choice: Multiple & single choice mit Bilderauswahl statt Antworttexten
- Type Answer: Freie Texteingabe zum Beantworten, die mit einer vordefinierten Antwort verglichen werden
- Scales/2 × 2 Grid: Aussagen sind auf Skalen bzw. in einem Koordinatensystem zu bewerten
- Ranking: Antworten sind zu sortieren bzw. es werden Ränge gebildet
- 100 Points: 100 Punkte werden in 10er Blöcken auf die Antwortmöglichkeiten verteilt
- Who will Win?: Es wird über Personen abgestimmt
- Quick Form: Umfrage mit mehreren Fragetypen

Zu den qualitativen Typen zählen: Word Cloud (Stichwortabfrage), Open Ended (längere Textantworten) und Q&A (Fragen und Antworten).

Nach der kostenfreien Registrierung kann direkt mit dem Erstellen von Fragen begonnen werden. Umfragen werden in Form von Präsentationen erstellt, welche sich in Ordnern organisieren und zusammenfassen lassen. Präsentationen sind analog zu klassischer Präsentationssoftware in Folien aufgeteilt. Zum Hinzufügen einer Frage bzw. eines Fragetyps muss eine Folie (Slide) hinzugefügt und anschließend der gewünschte Fragentyp ausgewählt werden. Je nach Fragentyp sind jetzt noch Antwortmöglichkeiten und andere davon abhängige Einstellungen festzulegen werden (siehe Abb. 12.1). Bei der Umfrage sind zwei Ablaufvarianten möglich: entweder direkt in der Veranstaltung (Presenter Pace), dann kann jeweils die Frage beantwortet werden, die die Lehrkraft in dem Moment präsentiert. Oder unabhängig von der Lehrkraft (Audience Pace), dann können die Studierenden zeitlich selbstbestimmt die Umfrage durchlaufen. Die Umfrage kann so beispielsweise auch zur Vor- oder Nachbereitung einer Veranstaltung genutzt werden. Auch die Darstellungssprache und farbliche Gestaltung der Präsentation lassen sich einstellen und verändern. Die Webseite bietet dazu eine Vielzahl an Beispielen und Inspirationen zur eigenen Gestaltung. Während die Lehrkraft sich bei Mentimeter registrieren muss, müssen die Studierenden lediglich einen QR-Code scannen, einen Link im Browser öffnen oder einen Zahlencode auf der Webseite von Mentimeter eingeben.

12.2.3 Stellen von „guten" Fragen

Gut gestellte Fragen gewährleisten die Effektivität eines ARS. Es gilt: Ein ARS ist nur Mittel zum Zweck. Der Mehrwert liegt in der Methodik des Fragenstellens. Wie

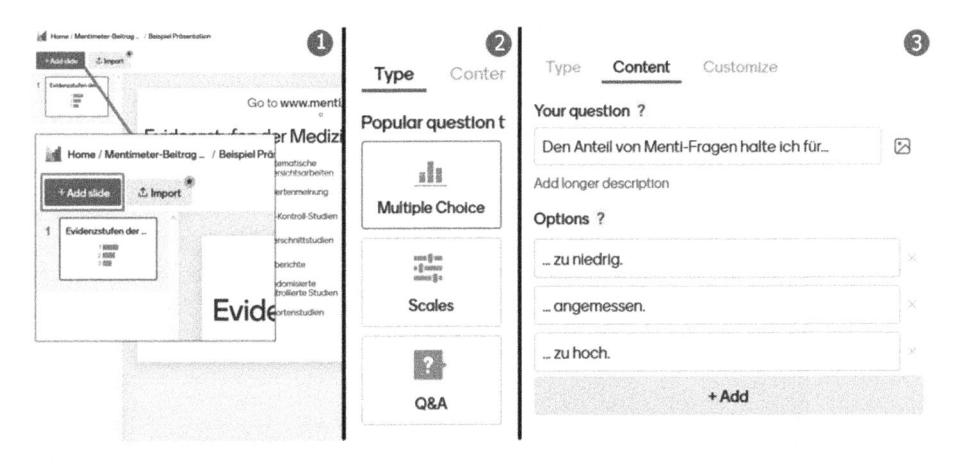

Abb. 12.1 Schritte bei der Erstellung einer Umfrage mit Mentimeter (Folie hinzufügen, Fragentyp auswählen und Inhalt eingeben)

die Frage gestellt wird, hängt von dem Ziel der Fragen ab. Sie lassen sich z. B. unter dem Aspekt Aufmerksamkeitslenkung und Bewusstseinsschaffung, Stimulation von kognitiven Prozessen, formativer Beurteilung und Diskussionsförderung im Plenum gestalten (Beatty et al. 2005). Je nach Veranstaltung sollten die Fragen eine Herausforderung darstellen (*desirable difficulties,* Bjork und Bjork 2011), um das eigene Denken der Studierenden anzuregen. Dadurch wird neben einer erhöhten Aufmerksamkeit auch ein Langzeit-Lerneffekt ermöglicht. Zudem sollte den Studierenden die Möglichkeit gegeben werden, eine „ich möchte nicht Antworten"-Option zu nutzen. Dies ist beidseitig für Lehrkräfte und Studierende eine gute Gelegenheit für ein formativer Beurteilung, um Lücken im Wissensabruf aufzuzeigen und ein Raten zu vermeiden. Antworten eine Menge der Studierenden mit so einer Möglichkeit oder mit einer falschen Antwort, kann aktiv in die Veranstaltung eingegriffen werden, um nun aufgedeckte Lücken zu schließen. Andererseits können Studierende ihre eigenen Schwächen erkennen und diese gezielt angehen. Weiterhin besteht die Möglichkeit, mit ARS den Austausch unter den Studierenden (Peer-Instruction) zu fördern (Mazur 1997). Dabei werden die Studierenden ermuntert mit ihren Sitznachbarn die Antwortmöglichkeiten zu diskutieren, bevor sie abstimmen.

12.3 Beispielanwendung

Im Folgenden werden wir vier Beispiele zur Anwendung von ARS, veranschaulicht mit Mentimeter, in der Vorlesung Biometrie und Epidemiologie im Studiengang Humanmedizin vorstellen. Dabei werden verschiedene statistische Themen behandelt und verschiedene Fragentypen angewendet.

12.3.1 χ^2 Test mit Live-Daten der Studierenden
ARS-Form: Multiple-Choice
Ziel der Übung ist die die Vermittlung von den Grundlagen des statistischen Testens – Ablauf eines Experimentes, Datenerhebung, Auswertung mittels statistischem Test (im Besonderen der χ^2-Test) – sowie die Fähigkeit Ergebnisse zu interpretieren. Durch die Nutzung eines ARS werden die Studierenden an der Übung beteiligt und entwickeln gesteigertes Interesse an den Lehrinhalten. In Kombination mit einer spannenden Frage, an deren Beantwortung die Studierenden interessiert sind, ist die Möglichkeit zur regen Beteiligung und durch die Abgabe einer eigenen Antwort auch eine höhere, die Übung andauernde, Aufmerksamkeit gegeben. Das ARS greift mit Aspekten der Anonymität, Mitgestaltung, Selbstbewertung und Identifikationsmöglichkeit mit anderen Teilnehmenden („Andere haben die gleiche Antwort gegeben.').

Die Nullhypothese, die mit den Studierenden überprüft wird, ist, dass Studentinnen und Studenten gleich gut Zwillinge von Doppelgängern unterscheiden können. Dieses

Beispiel wurde in anderer Form bereits im Buch „Zeig mir mehr Biostatistik – Mehr Ideen und neues Material für einen guten Biometrie-Unterricht" behandelt (Zapf et al. 2017). Es werden den Studierenden einige Fotos von Zwillingen und Doppelgängern zum Üben der Unterscheidung gezeigt. Anschließend wird ein Foto gezeigt und nach der Einschätzung gefragt, ob es sich dabei um Zwillinge handelt oder nicht. Mittels Multiple-Choice Abfrage werden die Daten erhoben. Dabei geben die Studierenden ihre Einschätzung in Kombination mit ihrem eigenen Geschlecht an (Studentin oder Student, siehe Abb. 12.2). Die im Abschn. 12.2.3 beschriebene Empfehlung einer „ich möchte nicht Antworten"-Möglichkeit fällt hier weg, da kein Lehrinhalt abgefragt wird und eine Absprache unter den Studierenden sollte nicht stattfinden. Die Ergebnisse werden anschließend in eine Vierfeldertafel eingetragen und während die Studierenden untereinander diskutieren, ob die Ergebnisse für oder gegen einen Geschlechtseffekt sprechen, berechnet die Lehrkraft mit den Ergebnissen der Befragung den statistischen Test mit einem vorbereiteten Programm. Anschließend wird die Bedeutung des p-Werts dis-

Abb. 12.2 *Abstimmung zur Studie, ob Studentinnen und Studenten unterschiedlich gut Zwillinge von Doppelgängern unterscheiden können. (Link zum Foto (public domain):* https://commons.wikimedia.org/wiki/File:Morgan_twins_1955.JPG*)*

kutiert, eine Entscheidung bezüglich der Beibehaltung oder Ablehnung der Nullhypothese getroffen und das Ergebnis interpretiert.

12.3.2 Einordnung der Nachweisstufen von evidenzbasierter Medizin

ARS-Form: Ranking
Ziel der Übung ist das selbstständige Auseinandersetzen mit dem Evidenzlevel verschiedener Publikationsformen in der medizinischen Forschung. Die Studierenden sollten die einzelnen Publikationsformen bereits kennen, aber nicht die hierarchische Einordnung. In dieser Übung ist jeder Teilnehmer erneut durch das ARS gefordert sich Gedanken zu machen. Eine peer-instruction ist hier gut anwendbar. In letzterem Fall muss entsprechend mehr Zeit für die gemeinsamen Diskussionen eingeplant werden.

Die sechs Nachweisstufen (siehe Abb. 12.3) in zufälliger Reihenfolge werden den Studierenden gezeigt mit der Aufgabe, diese mittels Ranking Abfrage nach dem Evidenzgrad zu sortieren. Im Falle von Mentimeter können die Studierenden auch inkomplette Lösungen absenden um das Raten zu verhindern; es benötigt keine *„ich möchte nicht Antworten"*-Option. Im Nachgang sollte das Gruppenergebnis im gesamten Plenum zur Diskussion gestellt werden. Im Best-Case-Szenario sind die Studierenden selbstständig auf die korrekte Einordnung gekommen und es werden offene Punkte besprochen – andernfalls wird die Auflösung gemeinsam besprochen und erläutert. Durch die Möglichkeit für Studierende, bei der Übung schnell und unkompliziert einen eigenen Lösungsvorschlag zu kreieren (selbst wenn dieser falsch ist), können sie ihre Ideen im Nachgang in den gemeinsamen Diskussionen hinterfragen, das Gelernte aktiv abrufen, Wissenslücken aufdecken und diese mit den Informationen aus der Diskussion füllen (Abb. 12.4).

Abb. 12.3 Nachweisstufen, sortiert nach Evidenzgrad

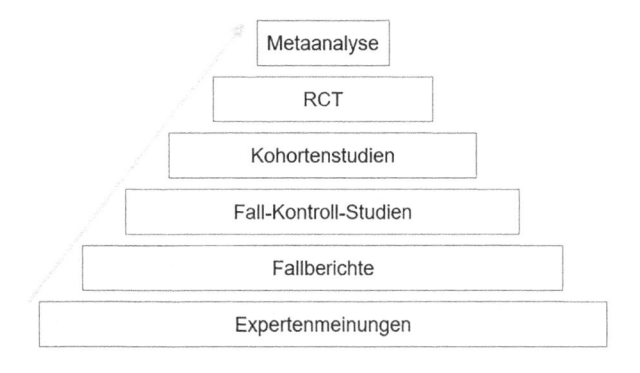

- Metaanalyse
- RCT
- Kohortenstudien
- Fall-Kontroll-Studien
- Fallberichte
- Expertenmeinungen

Ranking

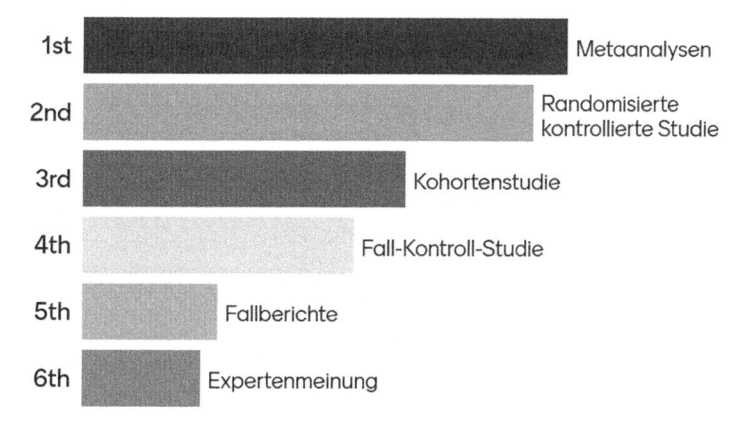

Abb. 12.4 Beispielhafte Ergebnisse aus dem Ranking der Evidenzstufen

12.3.3 Schätzung des positiv prädiktiven Werts der Mammographie

ARS-Form: Scale

Die richtige Interpretation von Ergebnissen diagnostischer Tests ist für einen praktizierenden Arzt von entscheidender Bedeutung. Dass es hierbei aber häufig zu Fehlinterpretationen kommt, ist in der Literatur belegt. Gigerenzer (2002) haben zum Beispiel in einer Studie einen Schauspiel-Klienten ohne Risikofaktoren in einer AIDS-Beratungsstelle nach der Bedeutung seines angeblich positiven Testergebnisses fragen lassen. Er erhielt von 15 der 20 befragten Berater die Auskunft, dass die Wahrscheinlichkeit für eine tatsächliche HIV-Infektion mal bei 99, mal bei 99.9 oder sogar bei 100 % liege. Zwar weist der kombinierte HIV-Test (ELISA und Western Blot) eine Sensitivität von 99,9 % und eine Spezifität von 99,99 % aus, was bedeutet, dass 99.9 % aller HIV-Positiven auch ein positives Testergebnis erhalten und 99.99 % aller HIV-Negativen ein negatives Testergebnis. Allerdings ist in der Gruppe, zu der der junge Mann gehört, HIV mit einer Prävalenz von 0,01 % wenig verbreitet. Unter Anwendung des Satzes von Bayes lässt sich leicht berechnen, dass unter diesen Vorgaben aufgrund der geringe Prävalenz bei einem positiven Testergebnis, die Wahrscheinlichkeit für eine tatsächliche HIV-Infektion (der sogenannte positiv prädiktive Wert) lediglich 50 % beträgt. In der Lehre zum Thema diagnostische Tests sollte diese Erkenntnis den Studierenden in Erinnerung bleiben. Dafür kann gut ein ARS verwendet werden, bei Mentimeter zum Beispiel die Funktion „Scales". Hierfür wird den Studierenden die Situation des HIV-Testes geschildert (es werden die Zahlen von Sensitivität, Spezifität und Prävalenz genannt ohne die Begriffe zu verwenden) und sie sollen die Wahrscheinlichkeit für eine Infektion bei einem positiven Testergebnis abschätzen. Noch eindrücklicher ist als Beispiel die Mammographie zur Diagnose von Brustkrebs als, da Brustkrebs eine wesentlich präsentere Krankheit in der allgemeinen Bevölkerung ist. Die Mammographie wird zur Früherkennung von Brustkrebs bei über 50-jährigen Frauen eingesetzt. Etwa 1 % dieser Frauen haben Brustkrebs (Prävalenz), ein Brustkrebsherd wird mit 92 % Wahrscheinlichkeit erkannt (Sensitivität) und die Wahrscheinlichkeit für einen negativen Befund bei einer gesunden Frau beträgt 93 % (Spezifität). Nun sollen die Studierenden schätzen, mit welcher Wahrscheinlichkeit eine Frau tatsächlich Brustkrebs hat, wenn die Mammographie einen positiven Befund ergibt. Das Ergebnis ist 11.7 %, die meisten Studierenden schätzen die Wahrscheinlichkeit auf einen Wert zwischen 80 und 100 % (siehe Abb. 12.5). Zur Erklärung des überraschenden Ergebnisses kann gut ein Venn-Diagramm verwendet werden (siehe Anhang).

12.3.4 Quiz zur Überprüfung des erworbenen Wissens

ARS-Form: Select Answer

Wir haben sehr gute Erfahrung mit der Anwendung eines Quiz' am Ende einer Vorlesung gesammelt. Die Studierenden sind während der Vorlesung motivierter und aufmerksamer, da sie wissen, dass am Ende das Quiz stattfindet und sie haben Spaß am Wettbewerb. Außerdem können dadurch sowohl Studierende als auch Lehrkräfte feststellen, welche Inhalte schon verstanden wurden und welche noch nicht. So können die Studierenden zielgerichtet nacharbeiten und die Lehrkraft kann Themen, die noch nicht verstanden wurden, im Anschluss an das Quiz oder zu Beginn der nächsten Vorlesung nochmal aufgreifen. Die Studierenden melden sich für das Quiz mit einem

Mit welcher Wahrscheinlichkeit hat eine Frau Brustkrebs, wenn sie einen positiven Befund bei der Mammografie hat?

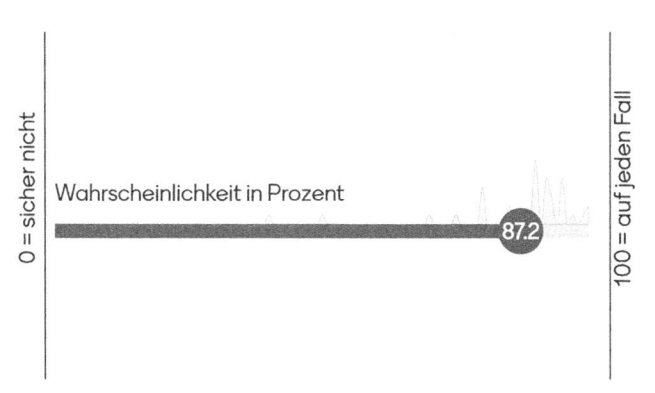

Abb. 12.5 Beispielhafte Ergebnisse aus der Schätzfrage zur Mammographie

Pseudonym an. Sobald sich alle angemeldet haben, kann die Lehrkraft das Quiz starten. Bei dem Erstellen des Quiz' kann eingestellt werden, dass die Studierenden mehr Punkte erhalten, je schneller sie antworten. Das erhöht den Druck, macht das Ganze aber auch spannender. Die Fragen werden jeweils für eine kurze Zeit angezeigt, dann erscheinen die Antwortoptionen (single choice) und die Studierenden haben eine begrenzte Zeit, eine Antwort auszuwählen. Diese Zeit kann von der Lehrkraft eingestellt werden. Sie sollte nicht zu lang sein, um u. a. die Gesamtdauer des Quiz' zu begrenzen, aber auch nicht zu kurz, da sonst die Gefahr besteht, dass die Studierenden lediglich raten. Die Kunst bei so einem Quiz ist es, „gute" Fragen zu stellen (siehe Abschn. 12.2.3). Dabei sind ganz unterschiedliche Fragearten möglich: von einem reinen Rekapitulieren mit Fragen, deren Antworten direkt aus dem vorher gelehrten Inhalt gegeben werden können, über die Verknüpfung von Gelerntem, die Transferleistung auf einen anderen Kontext, bis hin zu Knobelaufgaben. Was wir dringend empfehlen, ist keine missverständlichen oder irreführenden Fragen zu stellen, da dies in Kombination mit dem zeitlichen Druck sonst zu Frust aufseiten der Studierenden führt. Ein kleiner Preis für die Gewinnerin oder den Gewinner ist zur weiteren Motivationssteigerung möglich, aber unserer Erfahrung nach nicht nötig. Zum einen ist dadurch die Anonymität aufgehoben und zum anderen haben die Studierenden bereits Anreize durch den Spaß und sind stolz auf richtige Antworten. In Abb. 12.6 sind als Beispiel zwei Fragen (eine zum Rekapitulieren und eine zur Verknüpfung von Inhalten) zum Thema deskriptive Statistik dargestellt. Aus den Inhalten lässt sich schließen, dass direkt gelehrte Inhalte von den meisten kurzfristig abgerufen werden können (Abb. 12.6 oben), während die Verknüpfung von Inhalten eher wenigen gelingt (Abb. 12.6 unten).

12.4 Diskussion und Ausblick

Aus unseren Erfahrungswerten und der Literatur lässt sich folgendes Fazit ziehen: Ein ARS ist vielseitig und kann, mit der richtigen Handhabung, das eingangs vorgestellte ARCS-Modell von Keller und Kopp sehr gut bedienen. Mit den Beispielanwendungen wird:

1. Interesse an den Inhalten geweckt: Kann ich Zwillinge von Doppelgängern unterscheiden und gibt es einen Unterschied zwischen Männern und Frauen?
2. die Relevanz vom Inhalt erkannt: Selbst bei einem sehr guten Test kann die Aussagekraft eines positiven Testergebnisses sehr begrenzt sein.
3. Erfolg generiert: Ich kann mir selbst bzw. gemeinsam mit Kommilitonen das Evidenzlevel verschiedener Publikationsformen erschließen.
4. Lernspaß generiert: Im spielerischen Wettbewerb kann ich mein erworbenes Wissen überprüfen.

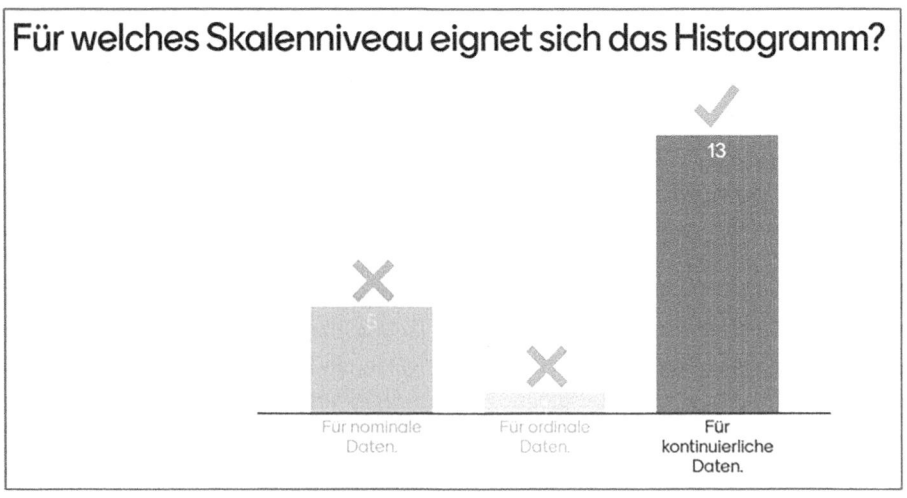

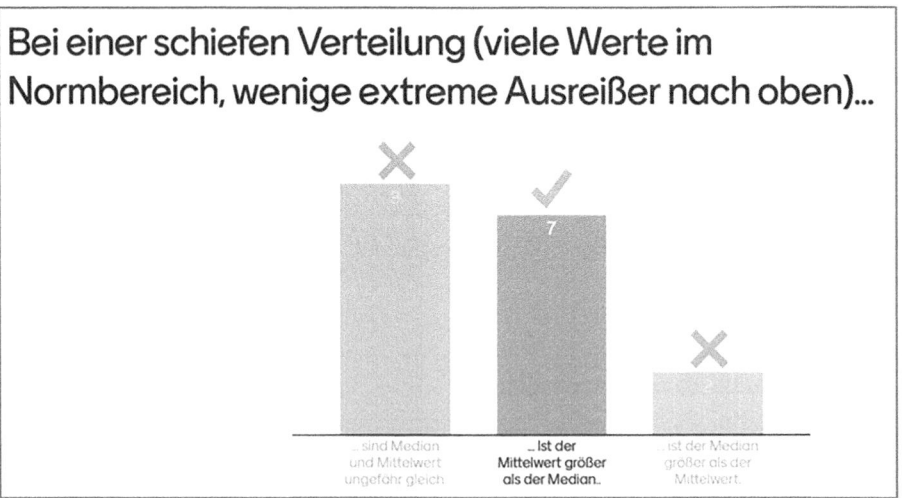

Abb. 12.6 Zwei Beispiele für Quizfragen mit den entsprechenden Ergebnissen

Weiterhin veranschaulichen die dargestellten Beispielanwendungen, wie durch ARS die drei nach Dunloskys (2013) Einschätzung effektivsten Lerntechniken sehr gut umgesetzt werden können: 1. Selbsttests, 2. wiederholte praktische Anwendung und 3. eine Mischung von verschiedenen Anforderungsarten.

Allerdings haben ARS ihre Limitationen und verschiedene Punkte sollten bei der Vorbereitung und Durchführung beachtet werden.

- Voraussetzungen für die Verwendung der ARS sind, neben dem ARS selbst, ein zuverlässiges Netzwerk und Internetfähige Geräte bei den Studierenden und der Lehrkraft.

- Vorbereitend sollte die Verwendung von ARS, soweit möglich, angekündigt werden, um Studierende zu befähigen sich technisch und inhaltlich vorzubereiten. Auf der anderen Seite sollte die Nutzung von der Lehrkraft vorab getestet werden um etwaige Probleme bezüglich Technik (z. B. mangelnde W-LAN Leistung) zu erkennen und Erfahrung in der Anwendung des ARS zu sammeln um einen möglichst einwandfreien Ablauf zu gewährleisten.
- Durch eine sorgfältige Auswahl von „guten" Fragen wirkt der Einsatz der Technik am Ende nicht nur als Spielerei, sondern als integraler Bestandteil der Veranstaltung.
- Bei einer erfolgreichen Anwendung eines ARS kann es zu lebhaften Diskussionen und herausfordernden Fragen von den Studierenden kommen. Dem muss sich die Lehrkraft auch gewachsen fühlen. Eine Lehrkraft am Anfang ihrer Lehrtätigkeit ist hiermit u. U. überfordert.
- Das Sprichwort ‚Die Dosis macht das Gift' gilt auch für die Nutzungsrate von ARS. Das richtige Maß ist u. a. abhängig von der Offenheit der Studierenden, vom Zusammenspiel zwischen Lehrkraft und Studierenden sowie von der verfügbaren Zeit. Dementsprechend ist ein ARS mit Maß einzusetzen, da Studierende sonst das Interesse verlieren und unaufmerksam werden können.
- Bei Mentimeter gibt es bei vielen Fragentypen, wie zum Beispiel bei der Word Cloud, Filter für unangemessene Inhalte. Es kann jedoch nicht ausgeschlossen werden, dass Lehrkräfte mit kompromittierenden Antworten oder z. B. Pseudonymen beim Quiz konfrontiert werden.
- Wie Denkewicz (2019) zusammenfasst, gehören zu den möglichen Nachteilen die aufzuwendende Vorbereitungszeit (wobei diese stark von der Anwendung abhängt), die u. U. entstehenden Kosten, die technischen Schwierigkeiten und der Verlust von klassischer Unterrichtszeit.

Neben der unterstützenden Verwendung von ARS, wie wir es hier beschrieben haben, gibt es auch die Möglichkeit eine komplett digitale Lehre mit ARS zu gestalten. Bei dieser Art der Anwendung sind jedoch teilweise andere Aspekte wichtig und ein ARS beherbergt dann andere Möglichkeiten und Limitationen.

In unserer Praxis wiegen wir stets den Nutzen von ARS neu ab, um zu entscheiden ob und in welcher Form wir es einbinden. Die Rückmeldungen, die wir bisher zur Verwendung von ARS, genauer gesagt von Mentimeter erhalten haben, waren durchweg positiv. Vier Zitate aus der Studierendenevaluation werden hier als Beispiel gebracht, die jeweils unterschiedliche Aspekte abbilden: „Didaktisch waren die Vorlesungen sehr gut aufgebaut, das Mentimeter hat den Unterricht gut ergänzt.", „Die Nutzung von Menti.com fand ich sehr spaßig.", „Die Abstimmungen in den Vorlesungen per Mentimeeter[sic!] haben mich dazu animiert, das Gehörte zu rekapitulieren und ‚am Ball zu bleiben'.", „Die Fragen am Ende der Vorlesungen mittels Mentimeter fand ich auch super. So konnte ich direkt einschätzen, was ich mir noch einmal ansehen sollte.".

Abschließend ist unsere Einschätzung, dass durch die Verwendung eines ARS, wie z. B. Mentimeter, die Motivation der Studierenden gesteigert, die Lernatmosphäre verbessert und die Effektivität der Lehre erhöht werden kann.

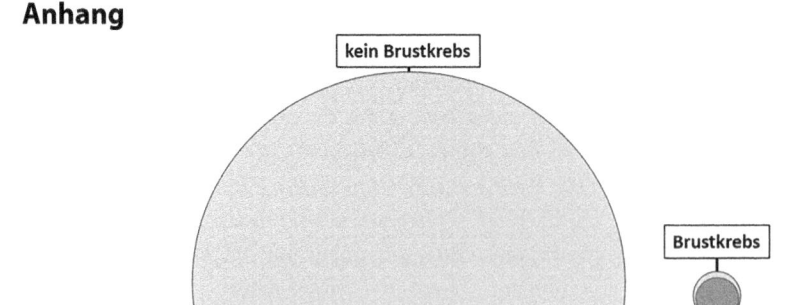

Anhang

Venn-Diagramm zur Erklärung der niedrigen Wahrscheinlichkeit für Brustkrebs bei einem positiven Mammographie-Befund (nicht maßstabsgetreu)

Literatur

Beatty ID, Gerace WJ, Dufresne RJ (2005) Designing effective questions for classroom response system teaching. Am J Phys 74(1):31–39

Bjotk EL, Bjork RA (2011) Making things hard on yourself, but in a good way: creating desirable difficulties to enhance learning. Psychology and the Real World: Essays Illustrating Fundamental Contributions to Society,SS. 56–64

Davenport TH, Patil DJ (2012) Data Scientist: the sexiest job of the 21st Century. Harvard Business Review. https://hbr.org/2012/10/data-scientist-the-sexiest-job-of-the-21st-century

Denkewicz R (2019) Pros and cons of audience response systems in the education of health professionals. MedEdPublish 8(3):33

Dunlosky J (2013) Strengthening the student toolbox: study strategies to boost Learning. Am Educ 37(3):12–21

Gigerenzer G (2002/2003) Wie kommuniziert man Risiken? Fortschritt und Fortbildung in der Medizin 26:13–22

Keller (1983) Motivational design of instruction. In: Reigeluth (Hrgs) Instructional design theories and models: an overview of their current studies. Erlbaum, Hillsdale, NJ

Keller JM, Kopp 1987 An application of the ARCS model of motivational design. In: Reigeluth CM (Hrgs) Instructional theories in action. Lessons illustrating selected theories and models. Erlbaum, Hillsdale, NJ, S. 289–320

Kubica T, Hara T, Braun I, Kapp F, Schill A (2019) Choosing the appropriate Audience Response System in different Use Cases. Syst Cybernet Inform 17(2):11–16

Lohr (2009) For Today's Graduate, Just One Word: Statistics. The New York Times. https://www.nytimes.com/2009/08/06/technology/06stats.html?_r=1

Mazur (2017) Peer instruction. Springer, Berlin

Quibeldey-Cirkel (2018) Lehren und Lernen mit Audience Response Systemen. In: de Witt C, Gloerfeld C (Hrgs) Handbuch Mobile Learning. Springer, Wiesbaden

Zapf A, Frömke C, Rosenberger A (2017) Doppelgänger lehren uns das Grundprinzip des statistischen Testens. In: Vonthein et al. (Hrgs) Zeig mir mehr Biostatistik! Mehr Ideen und neues Material für einen guten Biometrie-Unterricht. Springer, Berlin

Springer Spektrum springer-spektrum.de

LEHRBUCH

Geraldine Rauch
Rainer Muche
Reinhard Vonthein *Hrsg.*

Zeig mir Biostatistik!

Ideen und Material für einen guten Biometrie-Unterricht

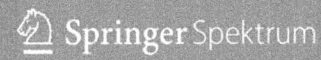

Springer Spektrum

Jetzt im Springer-Shop bestellen:
springer.com/978-3-642-54335-7

Springer Spektrum springer-spektrum.de

Reinhard Vonthein
Iris Burkholder
Rainer Muche
Geraldine Rauch

LEHRBUCH

Zeig mir mehr Biostatistik!

Mehr Ideen und neues Material für einen guten Biometrie-Unterricht

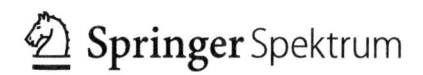

EXTRAS ONLINE **Springer** Spektrum

Jetzt im Springer-Shop bestellen:
springer.com/978-3-662-54824-0

Printed by Printforce, the Netherlands